沙拉 SALADS 好食光

依然七月 著

中国轻工业出版社

图书在版编目（CIP）数据

沙拉好食光 / 依然七月著 . —北京：中国轻工业出版社，2018.4

ISBN 978-7-5184-1892-3

Ⅰ. ①沙… Ⅱ. ①依… Ⅲ. ①沙拉—菜谱 Ⅳ. ① TS972.118

中国版本图书馆 CIP 数据核字（2018）第 043581 号

责任编辑：王巧丽　巴丽华　　整体设计：王超男
责任终审：孟寿萱　　　　　　　责任监印：张京华

出版发行：中国轻工业出版社（北京东长安街6号，邮编：100740）
印　　刷：北京博海升彩色印刷有限公司
经　　销：各地新华书店
版　　次：2018年4月第1版第1次印刷
开　　本：720×1000　1/16　印张：11
字　　数：200千字
书　　号：ISBN 978-7-5184-1892-3　定价：42.00元
邮购电话：010-65241695
发行电话：010-85119835　传真：85113293
网　　址：http://www.chlip.com.cn
Email：club@chlip.com.cn
如发现图书残缺请与我社邮购联系调换

170120S1X101ZBW

遇见沙拉，遇见更好的自己

学会做沙拉，做自己最好的厨师

现代人对吃的理解逐渐升级，不单要满足色香味，还要讲究食材搭配、营养均衡，崇尚简单便捷的烹饪方法。希望拥有品质生活的人，也愿意通过下厨来彰显自己对健康生活的理解。由自己决定吃什么，怎么吃。为了自己和家人，为了拥有健康和美丽，我们一起来动手做沙拉吧！各种颜色的蔬果美丽诱人，能让你的厨房"活色生香"。按自己的喜好选择添加蔬菜、水果、谷物、奶酪、干果……拌沙拉的食材都很容易找到，而添加少见的食材能让美食更有趣。制做沙拉足够简单，就算没有炉灶也能轻松完成，所以无论是都市白领、学生、职业主妇，都能演绎成自己最好的厨师。

沙拉是能吃饱的全能餐

对于饮食结构以碳水化合物为主的我们，会习惯性认为沙拉只是个配菜。事实上沙拉是能吃饱的全能餐，面包、薯类、谷物、蛋奶都可以做沙拉。一份搭配合理的主食沙拉能做到营养均衡、健康美味，吃到撑也不会有罪恶感。健身人群用低盐、少油、高蛋白的沙拉减脂增肌，雕刻出美好的人鱼线或马甲线。对付胃里消化不良的宵夜，一顿沙拉就能维持自信，带来清新感。村上春树在随笔《爱吃沙拉的狮子》中描写自己捧着大如脸盆的碗，里面装着满满的蔬菜大口大口地吃。原来我们都爱能吃饱的沙拉！

在沙拉的帮助下，我减重 50 斤

上天赐给我这辈子最好的礼物是一对健康的双胞胎儿子，他俩出生时体重加起来足足有 13.3 斤。而我也付出了相应的代价，体重从怀孕前的 115 斤涨到了 160 斤，成了一个胖妈妈。为了恢复辣妈形象，我决定改变自己的生活方式，坚持运动，把自己所学的营养学知识运用到生活中，给孩子和我一个健康的饮食习惯。渐渐地我发现天然的食材，清淡的口味和简单的烹饪方法最适合做成一道道美味沙拉，健康又营养。慢慢地我瘦了 50 斤，皮肤有了光泽，情绪也越来越舒心，终于在两年后的时间里我遇见了更好的自己。

目 录

菜谱使用说明	9
沙拉工具	11
11 种沙拉工具介绍	
不常见食材	15
21 种不常见食材介绍	
沙拉酱	19
沙拉酱总述	
27 种沙拉酱配料介绍	
16 款沙拉酱的热量表	
16 款沙拉酱的制作	
柠檬蛋黄酱	24
千岛酱	25
凯撒沙拉酱	26
芝麻沙拉酱	27
蜂蜜芥末酱	28
颗粒芥末沙拉酱	29
牧场沙拉酱	30
酸奶沙拉酱	31
青酱沙拉酱	32
番茄莎莎酱	33
油醋汁	34
意大利香草汁	35
日式和风汁	36
大拌菜沙拉汁	37

青芥辣沙拉汁	39
姜香沙拉汁	40

粉面 +　　　　　　　　　　41
　　—— 主题食材：意大利面、粉丝、土豆粉、荞麦面

地中海意面沙拉	43
冰草通心粉沙拉	44
墨鱼丸虾仁意面沙拉	45
什锦蔬菜意面沙拉	46
蘑菇金枪鱼意面沙拉	47
薄荷牛排意面沙拉	49
香草腌三文鱼意面沙拉	51
荞麦面沙拉	53
土豆粉笋尖沙拉	55
菠菜粉丝金枪鱼沙拉	56

包饼 +　　　　　　　　　　57
　　—— 主题食材：面包、皮塔饼、墨西哥卷饼、
　　　　鸡蛋饼、越南春卷

火腿 Tartine 沙拉	58
什锦蔬菜皮塔饼沙拉	59
凯撒沙拉	61
地中海面包沙拉	63
越南春卷沙拉	65
时蔬鸡肉卷饼沙拉	67
熏三文鱼蔬菜贝果沙拉	69
托斯卡纳面包沙拉	71
芝麻菜香草面包沙拉	73
吐司面包沙拉	74

蛋奶 +　　　　　　　　　　75
　　—— 主题食材：鸡蛋、鹌鹑蛋、奶酪

经典考伯沙拉	77
干果蔬菜奶酪沙拉	78
鹌鹑蛋芦笋沙拉	79
藕片青椒鸡蛋沙拉	81
魔鬼蛋沙拉	83
酸奶鸡蛋沙拉	85
综合坚果鹌鹑蛋沙拉	87
意大利经典卡普里沙拉	89
培根芦笋鸡蛋沙拉	91
马苏里拉蚕豆沙拉	92

谷物 + 93

—— 主题食材：藜麦、燕麦、大麦、大米、
荞麦、古斯米、薏米

菌菇藜麦沙拉	95
西蓝花大麦米沙拉	97
牛排古斯米沙拉	99
青瓜薏米火腿沙拉	100
玉米青豆凤尾鱼沙拉	101
森林蔬菜藜麦沙拉	103
燕麦米虾仁沙拉	105
蔓越莓坚果藜麦沙拉	107
纳豆豆腐米饭沙拉	109
荞麦片蔬菜沙拉	110

豆类 + 111

—— 主题食材：红豆、鹰嘴豆、豆腐、纳豆、
芸豆、红腰豆

香椿苗黑豆干沙拉	112
牛油果豆腐沙拉	113
鹰嘴豆青豆玉米沙拉	115
豆干豌豆苗沙拉	117
黑豆白玉菇沙拉	118
黄瓜花红腰豆沙拉	119
白芸豆沙拉	121
红豆薏米桂圆沙拉	123
魔芋豆腐丝沙拉	125
青酱鹰嘴豆泥沙拉	126

薯类 + 127

—— 主题食材：红薯、白薯、紫薯、山药、
芋头、甜菜根

牛油果虾仁薯片沙拉	129
紫薯水果酸奶沙拉	130
金枪鱼土豆泥沙拉	131
综合干果烤南瓜沙拉	133
红薯片油菜花沙拉	135
牛油果纳豆山药泥沙拉	136
奶香蔓越莓红薯泥沙拉	137
俄式土豆沙拉	139
芋艿蔬菜沙拉	141
三色菜根沙拉	142

水果 +	143	温沙拉 +	159

—— 主题食材：水果 + 主食的特殊风味沙拉　　温食沙拉，满足不太接受冷食的中国胃

橘子鸡肉藜麦沙拉	145	古斯米烤南瓜沙拉	161
贝壳面水果沙拉	146	烤花椰菜温沙拉	163
面包薯泥香蕉沙拉	147	莳萝海鲜芦笋温沙拉	165
柚子虾仁蛋饼沙拉	149	豆角红肠古斯米沙拉	166
水果麦碗	151	烤西葫芦沙拉	167
牛油果酱沙拉	152	烤茄子年糕卷沙拉	169
菠萝油条虾仁沙拉	153	烤菌菇麦片沙拉	171
芒果虾仁意面沙拉	155	烤彩椒面包沙拉	173
苹果红肠土豆沙拉	157	烤多春鱼沙拉	175
脆麦条水果沙拉	158	烤羽衣甘蓝沙拉	176

菜谱使用说明

虽然这只是一本菜谱，但不仅仅是教你如何做菜那么简单，里面加入了一些不同于其他菜谱的、很实用、很有心思的内容，在这里做解释能更好地帮助你使用它。

1. 有腔调

选择吃什么也体现了一种生活方式，对于吃的态度我们同样应该保持清醒，追求正能量。美食不单纯是为了满足食欲这么简单，也不仅仅是色香味的变换，从采购、准备、制作到上桌，从食物的搭配、切割、摆盘到享用，与吃相关的所有细节都融入了我们的选择、情感与期许，做个有品质有腔调的高级吃货吧！

2. 爱健康

我们已经不局限于考虑吃什么，而是更多地考虑怎么吃，正确地吃，健康地吃！食物没有绝对的好坏，食物的搭配、吃的方式都是关乎健康的重要因素。书中我们提供了每道菜的总体卡路里值，大家可以根据自己的合理摄入范围调整食物的用量。卡路里摄入量代表身体摄入的食物所产生热量的数值，它能说明能量的多少，但展现不出能量的来源。因此，书中增加了三大营养素：碳水化合物、蛋白质、脂肪的供能占比表，可直观看出一餐中能量来自于哪类营养素，对于想减肥、想增肌、想改变自己饮食结构的读者会有帮助。

3. 省点事儿

做饭的技巧能提升我们在厨房中的自信，恰当使用一些小方法、小窍门可以节约时间，让过程变简单，让食物更美味。

4. 很有料

这里会从营养学角度对食物，食物做法以及食物搭配等方面做营养点评，让大家在吃的过程中多了解一些食物相关的信息，迅速晋级为美食高手。

5. 绿 V 标志　　Vegetarian

加绿 V 的沙拉代表素食沙拉，近年来吃素或偶尔吃素的人越来越多，很多餐厅也会在菜单上用绿 V 醒目地区分出素食，本书也借鉴了这个方法，较清晰地划分出荤素菜谱。

沙拉工具

11 种沙拉工具介绍

沙拉工具

*家庭制作沙拉首先需要满足简单实用的要求，一般不会用到太复杂的工具，很多沙拉只需要洗、切、拌三部曲。对于制作过程我们也有节约时间、方便快捷、赏心悦目的需求，借助一些工具可以达到事半功倍的效果。

*这里介绍一些朴素实用、经济实惠的工具吧。

1　洗菜沥水篮子

*这种双层的洗菜篮子非常实用，浸泡和沥水一篮两用。

2　手动蔬菜甩干器

*叶菜沥水通常要等很久，如果想快速沥干蔬菜的水分添置一个手动甩干器非常必要，叶子菜放在里面旋转一会，利用离心力迅速甩干，真能帮你节约不少时间。

3　厨房纸巾

*黄瓜、番茄、胡萝卜不适用于甩干器，那么用一两张厨房纸巾就可以快速吸去表面水分了。

4　筛子

*豆子、米等颗粒比较小的食材沥水筛子也是不可缺少的。

5　削皮刀

*保留一个干净的削皮刀，不是用来削果皮而用来将红薯、茄子、西葫芦等食材刨成大片。

6　刨丝器

*拌沙拉用到奶酪的时候挺多，软质奶酪可以切块，而硬质奶酪需要刨成丝或条状撒在沙拉表面，好吃又好看。

工具　沙拉

7
蒜泥挤压器

* 省时省力的好帮手，可以轻松将蒜瓣压成细泥状。

8
鸡蛋切片器

* 鸡蛋也是沙拉的好搭档，想隐藏刀功不足的问题，又想提高沙拉颜值，鸡蛋切片器可以帮到你，一次性切成均匀的鸡蛋薄片。

9
沙拉碗和搅拌勺

* 一个敞口的、巨大的沙拉碗能让你的食材充分拥抱沙拉酱汁，木质的搅拌勺手感好，不会刮伤碗，即使只是简单的洗、切、拌也能从中找到制作的乐趣。

10
刀叉和汁船

* 用刀叉吃沙拉绝对不是装腔作势，对付大片菜叶子、小块的土豆、难入口的牛排、形状各异的意大利面，刀叉都能轻松搞定。一副漂亮的刀叉可以应付任何沙拉的出场，而汁船可以盛放酱汁供大家分享。

11
标准量勺

* 有些不好称重的食材用量勺可以方便计算使用量，量勺一般一组4个：
一大勺：15ml
一小勺：5ml
1/2 小勺：2.5ml
1/4 小勺：1.25ml

不常见食材

---

21 种不常见食材介绍

不常见食材

* 据说在古罗马古希腊时期人们就喜欢拌沙拉吃,至今沙拉依然风靡全球,也总是带有浓浓的异国情调。这里对沙拉中常会用到,而在日常餐桌上不常见的食材做个简要介绍,以丰富家庭餐桌的食物种类,吃得新鲜又有趣。

1
奶油生菜

* 别名:波士顿生菜、比布生菜
* 口感:如黄油中泡过的柔滑口感
* 特点:叶片脆嫩不容易保存,运输不易,价格颇高

2
芝麻菜

* 别名:东北臭菜、芸苔、火箭菜
* 口感:入口有微辣的刺激感,回味有芝麻的清香
* 特点:爱的人极爱,也有好多接受不了苦中有辣的口味,与烟熏三文鱼很配

3
羽衣甘蓝

* 别名:牡丹菜、花包菜
* 口感:生吃感觉很厚而硬,纤维感明显,微苦
* 特点:鲜嫩的羽衣甘蓝可以考虑生吃,或者烤着吃,口感和味道都很惊艳

4
苦苣

* 别名:苦菜、狗牙生菜
* 口感:味道清新,略有苦味
* 特点:适合与各种生菜混合,有清热祛火的功效

5
红菊苣

* 别名:软化白菊苣、结球红菊苣
* 口感:口感脆嫩,微苦带甜
* 特点:适合鲜食,解荤除腻,清肝利胆

6
甜菜根

* 别名:红菜头、紫菜头
* 口感:淡淡的甜味
* 特点:红色的汁水是天然染色剂,可以直接吃,也可以烤着吃

7
牛油果

* 别名:鳄梨、酪梨、奶油果
* 口感:无特别味道,入口细腻油滑
* 特点:脂肪含量高达30%,多为健康的不饱和脂肪酸,且不含胆固醇,就像"大自然中的蛋黄酱"

8
秋葵

* 别名:羊角豆、补肾菜
* 口感:滑滑的,黏黏的
* 特点:秋葵中含有的黏液营养丰富,有帮助补肾、降糖的功效

不常见食材　17

9
迷你小南瓜

* 别名：金瓜、番瓜
* 口感：清香可口、糯软润滑
* 特点：含水量较低，表皮嫩，带皮食用营养价值更高

10
紫叶生菜

* 别名：叶用莴苣
* 口感：与罗马生菜味道相似，微苦
* 特点：极富营养价值，含有花青素

11
油菜花

* 别名：芸薹
* 口感：脆嫩，带有花的清香
* 特点：季节性食材，有美容养颜的功效

12
冰草

* 别名：非洲冰草、冰菜
* 口感：清脆多汁，口感冰爽
* 特点：冰草上凝结着许多好像透明"露珠"的泡状细胞，有盐分，自带淡淡的咸，和芝麻酱十分搭配

13
香椿苗

* 别名：香椿铃、香铃子
* 口感：有特殊的芬芳香气，鲜嫩可口
* 特点：季节性食材，香椿味苦性寒，有清热解毒、健胃理气的功效

14
莳萝

* 别名：洋茴香
* 口感：味道清凉辛香，香气类似茴香，又贴近香芹的味道
* 特点：有促进消化的作用，适合与肉、海鲜同食

15
芦笋

* 别名：石刁柏
* 口感：爽脆鲜嫩，口感微甜
* 特点：富含大量植物纤维素和多种维生素，可帮助清肠瘦身

16
罗勒叶

* 别名：九层塔、鱼香菜
* 口感：味道芳香，微辛而甜，口感清爽
* 特点：罗勒也是一种草药，有行气、消食、杀菌的功效。意大利菜常用罗勒调味，台湾三杯鸡也少不了罗勒叶

17
——
刺山甘

* 别名：野西瓜、马槟榔
* 口感：入口微酸，有柠檬香气和淡淡花香
* 特点：超市卖的刺山甘多是醋泡的，拌沙拉时用来调味，它是地中海饮食中不可或缺的香料之一

18
——
黑橄榄

* 别名：油橄榄
* 口感：入口软软的，有咸酸味道
* 特点：泡在盐水中的黑橄榄是拌沙拉的常见调味品，能让菜品味道丰富立体，黑色的橄榄圈还能对沙拉起到点缀美化的效果

19
——
鹰嘴豆

* 别名：桃尔豆、鸡心豆
* 口感：鹰嘴豆的淀粉具有板栗香味
* 特点：属于高营养豆类植物，高蛋白、高不饱和脂肪酸含量，鹰嘴豆中中异黄酮可帮助女性延缓衰老，保持皮肤弹性，养颜美容

20
——
藜麦

* 别名：南美藜、印第安麦
* 口感：藜麦有黑、白、红三色，口感略有不同，都有淡淡的坚果清香
* 特点：低热量、低糖、高蛋白的营养食物，最令素食主义者和减脂人群狂欢的谷物之一

21
——
古斯米

* 别名：蒸粗麦粉
* 口感：松散的、粒粒分明的感觉，有淡淡麦香
* 特点：健康又制作简单的好食材，市售的即食古斯米食用很方便，用热水浸泡一下就能吃了

沙拉酱

沙拉酱总述

16 款沙拉酱的热量表

27 种沙拉酱配料介绍

16 款沙拉酱的制作

沙拉酱总述

* 沙拉健康与否与沙拉酱息息相关,一份加了 2 大勺蛋黄酱的蔬菜沙拉,90% 的热量都来自于酱,你难道还以为自己吃得很清淡吗?所以我们必须了解沙拉酱才能更好地吃沙拉,才能确保吃得更科学更健康。

我们常用的沙拉酱分酱类和汁类。酱类以蛋黄酱为代表,并在蛋黄酱基础上通过添加其他配料制成多种口味的沙拉酱。汁类多以酸味调料、食用油混合制成,例如经典的油醋汁。人们运用不同调味料、香味料也能变换出不同种类的沙拉汁。

* 以前我们最常见的就是蛋黄酱,但随着世界各国饮食文化的相互传播与融合,国内市售的沙拉酱品种越来越多,从千岛酱、凯撒酱到和风沙拉汁、意大利香草汁等,在西餐厅能吃到的酱汁在超市都能买到,既经济实惠又节约时间,极大地方便了那些喜欢在家做沙拉的人们。按喜好随心所欲搭配食材再拿起酱汁优雅地淋在上面,美味即刻入口。

* 有人说沙拉酱是沙拉的灵魂,一款自己亲手调制的沙拉酱定会让你的沙拉与众不同。所以这里我也为大家介绍 16 款经典沙拉酱的做法,帮助你学会调配沙拉的灵魂。当然你可以在掌握了基本调配的基础上自由创新,自制的好处就是可以任由发挥。如果你并不想自己动手也没有关系,这些沙拉酱基本都可以在超市买到现成的。

16 款沙拉酱的热量表

酱类	热量 千卡/100g	汁类	热量 千卡/100g
柠檬蛋黄酱	450	青酱沙拉酱	330
千岛酱	420	番茄沙沙酱	50
凯撒沙拉酱	260	油醋汁	270
芝麻沙拉酱	400	意大利香草汁	330
蜂蜜芥末酱	180	日式和风汁	230
颗粒芥末沙拉酱	220	大拌菜沙拉汁	320
牧场沙拉酱	280	姜香沙拉汁	150
酸奶沙拉酱	120	青芥辣沙拉汁	200

沙拉酱配料

沙拉酱的重要配料：

1
——
蛋黄酱

2
——
番茄酱

3
——
第戎芥末酱

4
——
颗粒芥末酱

* 蛋黄酱是由大量的油、生鸡蛋搅打乳化变成了黏黏的酱，它颜色微黄，质地光滑、柔软，入口香浓略带酸味。因为是由生鸡蛋制作考虑到安全性问题不建议家庭自制，从超市采购较好。

* 番茄酱是餐桌上常见的调味酱，由成熟的红番茄制成，口感微酸，有增色、添香的作用。番茄酱和番茄沙司不同，番茄酱基本没有添加调味剂，而番茄沙司添加了糖、盐、油来改变口味及性状。我们调制沙拉酱时最好选用番茄酱。

* 第戎芥末酱的味道比中式或日式芥末酱柔和多了，它源自法国勃艮第的首府第戎，芥末籽磨出的酱味道独特，微微的辛辣，用于沙拉酱的调味，也用于汉堡、三明治的调味。

* 颗粒芥末酱是由芥末籽粒添加了醋、葡萄酒调味而来，口感略酸，味道芳香浓郁。

5
——
青芥辣

6
——
芝麻酱

7
——
希腊酸奶

8
——
原味酸奶

* 青芥辣又叫辣根，是植物山葵的根茎磨成的酱，色泽鲜绿，具有强烈的香辛味和刺激的呛味。它能除去鱼的腥味，有杀菌消毒、促进消化的作用。

* 中餐常用的调味酱，用来调制沙拉酱也很受欢迎。

* 希腊酸奶和普通酸奶的区别是不含乳清，黏稠度更高，介于普通酸奶和奶酪之间。它的蛋白质含量很高，脂肪和碳水化合物含量较少。

* 原味酸奶或者是无糖酸奶搭配水果和带甜味的食材，不用任何调味就是一款健康的沙拉酱了。

9	10	11	12
红酒醋	白米醋	香醋	味淋

* 葡萄汁酿制而成的水果醋，颜色微红，口感酸而充满果香，常用来调配意大利经典油醋汁。

* 由粮食发酵酿造成的无色透明的白米醋，清香酸甜，酸度柔和，用来拌菜不会影响色泽。

* 色泽红褐，口感酸而不涩、香而微甜，加热会破坏香醋的味道，所以经常用来凉拌或者蘸食。

* 味淋由甜糯米加酒曲酿造而成，是一种黄色透明的甜味料理酒。味道像甜味的米酒，甘甜而鲜美。

13	14	15	16
日式酱油	生抽酱油	伍斯特酱汁/喼汁	橄榄油

* 日式酿造酱油，红褐色，有独特的酱香，常搭配芥末蘸食生鱼片。

* 生抽酱油和老抽酱油相比颜色较淡，味道鲜、咸，一般炒菜或者凉拌的时候用得比较多。

* 是一种起源于英国的调味料，味道酸甜微辣，色泽黑褐。发明和最早生产地点是 Lea & Perrins（李派林）在伍斯特郡的郡府伍斯特的作坊而得名"伍斯特酱汁"。

* 橄榄油是由橄榄果实冷榨而成，保留了天然营养，还有美容护肤的功效，在地中海沿岸国家已经有几千年的历史。沙拉酱中添加油是为获得浓稠度和顺滑口感。

17	18	19	20
芝麻油	柠檬汁	海盐	黑胡椒

* 芝麻提炼出来的特别香浓的油，也常叫它香油。用途非常广泛，煮汤、炒菜、拌菜，和蒜调制成火锅蘸料。注意不能加热烧菜使用。芝麻油加入芝麻酱中可以起到稀释和增香的作用，是芝麻沙拉酱的主要原料。

* 沙拉料理用到的柠檬汁多为黄柠檬汁，黄柠檬直接挤压出来的果汁，酸味重有苦涩感，非常清香。可以起到去腥，防止食物氧化变色的作用。青柠檬汁常出现在东南亚美食中，或者调制鸡尾酒时使用。

* 海盐比精盐颗粒大质地粗，装在研磨瓶中随用随磨，它的咸度比较低，很适合凉拌菜中添加。

* 沙拉菜谱中常见黑胡椒的身影，有时添加在沙拉酱中，有时直接撒在沙拉表面，腌肉烤肉也经常用到。建议使用颗粒状的黑胡椒，需要时用研磨瓶磨碎，味道浓郁。

沙拉酱

21
生姜粉

* 超市可以买到现成的姜粉、姜乳、姜汁，也可以自制姜汁，姜有解毒杀菌，暖胃助消化的作用。

22
蜂蜜

* 蜂蜜的甜度很高又带有不同的花香，它和一些味道比较浓烈的食物搭配可以让口感变柔和，例如蜂蜜和柠檬、蜂蜜和生姜、蜂蜜和芥末酱的搭配。

23
枫糖浆

* 用加拿大的糖枫树树汁制成的枫糖浆。很像蜂蜜，但没有蜂蜜浓稠，甜度也比蜂蜜低，带有枫树独特的香味。常用来搭配松饼、烤面包片、冰淇淋等。

24
酸黄瓜

* 腌制的酸黄瓜酸爽清脆，可当清口小菜，也和沙拉、热狗、三明治及烤肉搭配食用，有解油腻、助消化的作用。

25
巴马臣芝士粉

* 也被翻译成帕马森芝士，是产自意大利的硬质干酪，含有丰富的蛋白质、维生素、微量元素。可以买大块的巴马臣奶酪擦成丝或片直接食用，也可以在超市中买到罐装的芝士粉，拌沙拉、撒在比萨表面很方便。

26
凤尾鱼

* 罐头装的凤尾鱼色泽光亮，香气扑鼻，可以直接食用，也是经典的凯撒沙拉中必备的配料。

27
松子仁

* 意大利青酱最主要的两味食材是罗勒叶和松子仁，松子仁有一种松果的植物清香和油脂的浓香，撒在沙拉中直接食用也增加了风味和营养。

---

16 款沙拉酱的制作

沙拉酱制作时配料添加顺序： 酱类 *配料 ＞ 固体 *配料 ＞ 液体 *配料 ＞ 提味 *配料 ＞ 油 *

柠檬蛋黄酱

* 口味：浓厚清香、酸中带咸

配料：

蛋黄酱 3 大勺

+

柠檬汁 1 大勺

+

蜂蜜 1 大勺

+

盐适量

做法：

1. 蛋黄酱中加入柠檬汁搅打到酱汁顺滑均匀。
2. 加入蜂蜜、盐调味。

Tips

* 加入柠檬汁可以稀释蛋黄酱的浓度，降低热量，又增添了柠檬的清香味道。适合搭配油炸食物、薯类、水果

千岛酱

* 口味:层次丰富、酸甜可口

配料:

 +

蛋黄酱 2 大勺　　番茄酱 1 大勺

 +

酸黄瓜 2 小勺　　洋葱 2 小勺

 +

彩椒 2 小勺　　伍斯特酱汁 1 小勺

 +

柠檬汁 2 小勺　　盐适量

做法:

1. 酸黄瓜切成小丁。
2. 洋葱、彩椒洗净沥干后也切成小丁。
3. 蛋黄酱和番茄酱充分搅拌均匀。
4. 加入酸黄瓜、洋葱、彩椒丁拌匀。
5. 加入伍斯特酱汁、柠檬汁和盐调味。

Tips

* 颜色粉红、味道酸甜的千岛酱适合搭配海鲜、鸡胸、黄瓜等。其中固体配料可按自己喜欢的口味控制添加量。

凯撒沙拉酱

* 口味：鲜香，混合香料味

配料：

 +

蛋黄酱 1 大勺 　　芥末酱 2 大勺

 +

蒜泥 1 小勺 　　凤尾鱼 1 大勺

 +

黑胡椒碎 1/2 小勺 　　巴马臣芝士粉 2 大勺

 +

伍斯特酱汁 1 小勺 　　橄榄油 1 大勺

做法：

1. 蒜瓣用挤蒜器压成蒜泥。
2. 凤尾鱼切碎。
3. 蛋黄酱和芥末酱搅拌均匀，加入蒜泥，凤尾鱼碎、巴马臣芝士粉、黑胡椒碎拌匀。
4. 加入伍斯特酱汁、橄榄油调味。

Tips

* 酱汁味道丰富，凤尾鱼、奶酪让凯撒酱鲜香浓郁，是凯撒沙拉的必备酱，也适合搭配海鲜、三明治。

芝麻沙拉酱

* 口味：浓郁的芝麻香，油润丰满

配料：

芝麻酱 2 大勺　＋　熟芝麻 1 大勺

柠檬汁 1 小勺　＋　生抽酱油 2 小勺

糖 1 小勺　＋　橄榄油 1 小勺

芝麻油 1 小勺

做法：

1. 芝麻酱用凉水一点点稀释成浓稠的糊状。
2. 加入柠檬汁、生抽酱油和盐搅拌均匀。
3. 加熟芝麻、橄榄油和芝麻油，放入搅拌机搅打均匀即可。

Tips

* 芝麻沙拉酱可以说是一款亚洲风味的沙拉酱，中式火锅喜欢芝麻，日式料理也钟爱芝麻，香而不腻可谓百搭。

蜂蜜芥末酱

* 口味：顺滑柔和，甜辣微辛

配 料：

第戎芥末酱 1 大勺

+

蜂蜜 1 大勺

+

香醋 1 大勺

+

橄榄油 1/2 大勺

Tips

* 通常用芥末酱和蜂蜜 1：1 的比例制作，但也可以根据个人口味调节比例，加入蛋黄酱和酸奶也是不错的选择。适合搭配鸡蛋、鸡肉、熏肉等。

做 法：

所有材料混合搅拌均匀即可。

颗粒芥末沙拉酱

* 口味：微酸，颗粒带来层次感

配料：

蛋黄酱 1 大勺

+

颗粒芥末酱 1 大勺

+

酸奶 2 小勺

+

盐适量

做法：

所有材料混合搅拌均匀，加少量盐调味即可。

Tips

* 芥末籽的香味和酸味为沙拉带来独特的口感和风味，能中和肉类的油腻感。适合搭配土豆、肉类、卷饼等。

牧场沙拉酱

* 口味：香气清淡、酸奶酪味

做法：

1. 洋葱、莳萝洗净沥干切碎。
2. 蛋黄酱和希腊酸奶混合均匀后，加入洋葱碎、莳萝碎拌匀。
3. 撒上黑胡椒和盐调味。

配料：

 +

蛋黄酱 1 大勺　　希腊酸奶 2 大勺

 +

洋葱碎 1 小勺　　莳萝碎 1 小勺

 +

黑胡椒碎 1/2 小勺　　盐适量

Tips

* 如果没有鲜莳萝也可以用干莳萝碎，希腊酸奶乳酪味浓郁，此酱汁适合搭配炸鱼、水果。

酸奶沙拉酱

* 口味：低脂清爽，不甜不腻

配料：

原味酸奶 200g

+

柠檬汁 1/2 大勺

+

橄榄油 1 小勺

做法：

原味酸奶与柠檬汁和橄榄油混合搅拌均匀即可。

Tips

* 选择的原味酸奶少添加、热量低，含有益生菌可助消化，特别适合搭配水果、蔬菜沙拉。

青酱沙拉酱

* 口味:芬芳浓郁、混合干果和青草香气

配料:

罗勒叶 40g

＋

松子 2 大勺

＋

蒜泥 1 小勺

＋

巴马臣芝士粉 2 大勺

＋

橄榄油 2 大勺

做法:

1. 罗勒叶洗净沥干水分。
2. 松子和蒜放入搅拌机打碎。
3. 再把罗勒叶放入搅拌机和松子一起迅速打碎。
4. 最后加入橄榄油和芝士粉充分搅拌均匀即可。

Tips

* 罗勒叶不能用搅拌机打太久,温度上升会让它变质,味道就不好了。青酱配意大利面、面包食用非常诱人。

番茄莎莎酱

* 口味：酸辣清香

配料：

 +

番茄碎 5 大勺　　香菜 2 大勺

 +

洋葱 2 大勺　　红辣椒 2 小勺

 +

柠檬汁 1 大勺　　盐适量

做法：

1. 番茄、洋葱、香草均洗净切成小丁。
2. 红辣椒洗净切碎。
3. 所有材料混合搅拌均匀即可，用适量盐调味。

Tips

* 辣椒的用量按口味自行调节，酸辣清新的番茄莎莎酱特别爽口，用来搭配墨西哥玉米片、皮塔饼充满了异国风情。

油醋汁

* 口味：清爽、微酸

配料：

红酒醋 1 大勺
+
香醋 1 大勺
+
橄榄油 3 大勺
+
黑胡椒碎 1/2 小勺
+
盐适量

做法：

所有材料混合后充分搅打使之乳化成浓稠的沙拉汁即可。

Tips

* 经典的油醋汁可谓百搭沙拉汁，红酒醋和香醋混合使用让沙拉汁颜色略深，酸味厚重。适合搭配任何蔬果、肉类。

意大利香草汁

* 口味：酸甜，有浓浓的香草味

配料：

白米醋 3 大勺 + 罗勒碎 1 小勺

莳萝碎 1 小勺 + 枫糖浆 1 大勺

盐适量 + 橄榄油 2 大勺

做法：

1. 罗勒叶和莳萝洗净沥干水分。
2. 所有材料放入搅拌机打碎拌匀即可。

Tips

* 超市能买到意大利混合香草碎，如果没有新鲜香草可以用它代替。适合搭配肉类、海鲜。

日式和风汁

* 口味：鲜、清淡

配料：

白米醋 2 大勺

+

味淋 1 大勺

+

日式酱油 3 大勺

+

糖 1/2 小勺

+

橄榄油 1 大勺

Tips

* 日本人用本土原料改良了油醋汁，和风口味的沙拉汁更柔和清淡，适合搭配豆腐、生鱼、荞麦面等。

做法：

所有材料混合后充分搅打使之乳化成浓稠的沙拉汁即可。

沙拉酱

大拌菜沙拉汁

* 口味：酸甜适口

配料：

做法：

所有材料混合后充分搅打均匀即可。

香醋 3 大勺

生抽 2 大勺

糖 1 大勺

橄榄油 2 小勺

Tips

* 家常凉拌菜口味的沙拉汁，适合搭配谷物、蔬菜、豆制品等。

青芥辣沙拉汁

* 口味：辛辣呛口、鲜香独特

配料：

青芥辣适量 ＋ 味淋 1 大勺 ＋ 日式酱油 3 大勺

柠檬汁 1/2 小勺 ＋ 橄榄油 2 小勺

做法：

1. 取适量日式酱油搅拌稀释青芥辣，使之充分溶解。
2. 再将剩余配料加入稀释后的青芥辣中，混合搅拌均匀即可。

Tips

* 青芥辣味道呛口，应根据个人口味适量添加。青芥辣有去腥杀菌的作用，适合配食海鲜、生鱼及各类蔬菜等。

姜香沙拉汁

* 口味：鲜咸辛香

做 法：
所有材料混合后充分搅打均匀即可。

Tips
* 姜的调味剂种类很多，有姜汁、姜乳、姜粉，也可自己把鲜姜切碎调沙拉汁。姜香汁味道清香，有暖胃、增进食欲的作用。适合配食鸡蛋、肉类等。

配料：

米醋 2 大勺

+

生抽酱油 2 大勺

+

生姜粉 1 小勺

+

蜂蜜 1 小勺

+

橄榄油 2 小勺

粉面
＋

主题食材

—

意大利面

粉丝

土豆粉

荞麦面

地中海意面沙拉

分类 * 粉面

* 有腔调：地中海饮食是公认的健康饮食结构，山羊奶酪有无法形容的独特香味。每吃一口沙拉就会联想起圣托里尼岛上的蓝白美景和来自地中海略带咸味的海风。

爱健康
烹饪时间：20 分钟
总卡路里：593 千卡

三大营养素供能占比
碳水化合物 46%　蛋白质 23%　脂肪 31%

食材：

螺旋意大利面（干）80g
金枪鱼罐头 50g
樱桃番茄 6 个（约 100g）
鲜马苏里拉奶酪 50g
罗勒叶 适量
黑橄榄 适量
海盐 少许
黑胡椒 少许
橄榄油 少许

酱汁：

油醋汁 30g

做法：

1. 水中放少许盐，水烧开放入意大利面，按意面包装上建议时间煮熟。
2. 捞出煮好的意大利面，拌少许橄榄油待用。
3. 罗勒叶、樱桃番茄用水浸泡并清洗干净。
4. 樱桃番茄从中间切开待用。
5. 取出泡在液体中的鲜马苏里拉奶酪，用清水冲洗一下。
6. 用刀将马苏里拉奶酪切成小块。
7. 打开金枪鱼罐头，取出鱼肉。
8. 将所有食材摆入碗中，撒上少许海盐和黑胡椒，淋上油醋汁即可。

很有料

* 橄榄油、奶酪、丰富的蔬果搭配可为身体提供高品质的能量来源。

省点事儿

* 金枪鱼罐头可以选择水浸或油浸的，前者比较清淡，如果用油浸的金枪油也可以将罐头里的油替代橄榄油直接拌入沙拉中，再淋上些红酒醋也不错。

冰草通心粉沙拉

* 有腔调：冰草吃起来脆爽多汁，自带微微的咸味儿，和有嚼劲儿的通心粉搭配口感独特。芝麻汁让这道西式搭配的沙拉多了一份中式的色彩，入夏后食用尤其开胃。

 Vegetarian　分类 * 粉面

爱健康

烹饪时间：20 分钟
总卡路里：545 千卡

三大营养素供能占比

碳水化合物 65%　蛋白质 11%　脂肪 24%

食材：

通心粉（干）60g
冰草 150g
腰果 15g
蔓越莓干 20g
橄榄油 少许

酱汁：

芝麻沙拉酱 20g

做法：

1. 水中放少许盐，水烧开放入意大利面，按意面包装上建议时间煮熟。
2. 捞出煮好的意大利面，拌少许橄榄油待用。
3. 冰草用清水洗净沥干，用手掰或用刀切成小段。
4. 将通心粉、冰草放入沙拉碗中，加入芝麻沙拉酱拌匀。
5. 最后撒上腰果和蔓越莓干即可。

省点事儿

*1. 冰草本身自带咸味，可以减少沙拉酱的用量。
*2. 冰草买回来要放冰箱冷藏一下，低温食用口感更冰爽。

很有料

* 冰草是原产南非的多肉植物，叶子和茎上附满了"冰珠子"，里面的液体含有天然植物盐，吃起来有淡淡的咸味，它富含氨基酸和抗氧化物质，不仅口感特别，还是很有营养的蔬菜。

墨鱼丸虾仁意面沙拉

分类 * 粉面

* 有腔调：厨房里飘出香气与热浪，墨鱼丸在沸水中漂浮跳跃，披萝勒香气引诱着直咽口水……在心里一直认为这样充满烟火气息的家才是幸福的样子。

爱健康
烹饪时间：25 分钟
总卡路里：550 千卡

三大营养素供能占比
- 碳水化合物 42%
- 蛋白质 25%
- 脂肪 33%

1

2

3

4

5

6

食材：
意面（干）60g
墨鱼丸 100g
橄榄油 少许
虾仁 100g
罗马生菜 100g

酱汁：
青酱沙拉酱 40g

很有料
* 青酱有浓浓的罗勒叶香气，这种香气既有丁香的芳香，又有薄荷的清凉，有提神醒脑的功效。疲劳时试试罗勒青酱，能帮助振奋精神，集中注意力。

做法：
1. 按意面包装上建议时间煮熟意面，捞出并拌少许橄榄油待用。
2. 虾仁去掉背部虾线并清洗干净。
3. 虾仁放入沸水中焯熟，约1~2分钟，捞出后沥干待用。
4. 墨鱼丸放入沸水中煮熟，煮至鱼丸漂浮在水面上即可捞出。
5. 罗马生菜用清水洗净沥干，撕成小块待用。
6. 所有食材全部放入碗中，淋入青酱沙拉酱即可。

省点事儿
* 如果用速冻虾仁请注意解冻方法，切忌用热水解冻。时间允许最好常温解冻，或者把虾仁放入保鲜袋中扎紧后泡在自来水中可以加快解冻速度。

什锦蔬菜意面沙拉

* 有腔调：当我在周末逍遥放纵地大吃大喝后，工作日中应对饥饿感时就选择来一大份什锦蔬菜意面沙拉。大量蔬菜可以清理油腻的肠胃，也能带来饱腹感，更少的脂肪摄入能让负罪感减轻好多。

Vegetarian

分类 * 粉面

爱健康
烹饪时间：20 分钟
总卡路里：439 千卡

三大营养素供能占比

碳水化合物 61%　蛋白质 12%　脂肪 27%

食材：

意面（干）70g
芝麻菜 60g
紫菊苣 60g
芦笋 150g
盐 少许
橄榄油 少许

酱汁：

大拌菜沙拉汁 40ml

很有料

* 微苦的紫菊苣有清热解毒的作用，还含有紫色蔬菜中最特别的一种物质：花青素，它还兼具抗氧化的美容功效呢。

省点事儿

* 焯芦笋时用眼睛盯着芦笋变成鲜绿色就捞出，如果马上放入加了冰块的水中"冰浴"一下会更脆爽。

做法：

1. 水中放少许盐，水烧开放入意大利面，按意面包装上建议时间煮熟。
2. 捞出煮好的意大利面，拌少许橄榄油待用。
3. 芝麻菜去掉根部较老的部分，和紫菊苣一起洗净沥干。
4. 芦笋放进沸水中焯熟，大约 2~4 分钟即可，捞出沥干水分。
5. 紫菊苣洗净沥干，用手撕成小块。
6. 将意面、蔬菜全部放入碗中，淋上大拌菜沙拉汁即可。

蘑菇金枪鱼意面沙拉

分类 * 粉面

爱健康

烹饪时间：30 分钟
总卡路里：520 千卡

三大营养素供能占比

碳水化合物 45%　蛋白质 21%　脂肪 34%

* 有腔调。简单好做又足够美好，还能保证零失败的首选沙拉。很容易就变成了厨房女王。

食材：

直条意面（干）60g
油浸金枪鱼 50g
白玉菇 100 克
鲜青豆 40g
橄榄油 少许

酱汁：

柠檬蛋黄酱 25g

省点事儿

* 青豆也就是去了豆荚的豌豆。如果买不到鲜青豆可以选购超市里的速冻豌豆。如果够幸运赶上豌豆上市可以在菜市场买到豌豆荚，买回家自己剥出豆粒放冰箱冷冻，随用随取方便美味。

很有料

* 白玉菇蛋白质含量较一般菌菇高，和金枪鱼搭配使得整道沙拉蛋白质供能充足。

做法：

1. 水中放少许盐，水烧开放入意大利面，按意面包装上建议时间煮熟。
2. 捞出煮好的意大利面，拌少许橄榄油待用。
3. 白玉菇用清水洗净，放入锅中焯熟待用。
4. 鲜青豆用清水洗净，放入锅中焯熟待用。
5. 打开罐头取出油浸金枪鱼肉。
6. 将所有食材放入碗中，加入柠檬蛋黄酱拌匀即可。

薄荷牛排意面沙拉

分类 * 粉面

爱健康
烹饪时间：30 分钟
总卡路里：646 千卡

三大营养素供能占比
碳水化合物 37%　蛋白质 20%　脂肪 43%

* 有腔调：电影《深夜食堂》里有个片段，女孩缓解白天工作压力的方法是吃一份五花肉，第二天便又充满斗志。换作是我则会选择牛排解馋，薄荷叶提神醒脑，和牛排一起痛快地吃光也是疗伤的好方法。

食材：

意面（干）60g
牛排 150g
樱桃番茄 6 个（约 100g）
薄荷叶 20g
橄榄油 1 勺（约 10g）
黑胡椒碎 适量
海盐 适量

酱汁：

意大利香草汁 25g

做法：

1. 按意面包装上建议时间煮熟意面，捞出并拌少许橄榄油待用。
2. 薄荷叶用清水洗净，沥干待用。
3. 樱桃番茄洗净、沥干、切开两半。
4. 牛排用厨房纸巾吸干水分，两面均匀抹上橄榄油，撒上海盐、黑胡椒碎腌制 20 分钟。
5. 煎锅烧热后将牛排放入，每面煎 1~2 分钟。
6. 煎好的牛排略放凉，用刀切成条状。
7. 将意面、牛排、薄荷叶、切好的番茄放入盘中，淋上意式香草沙拉汁即可。

很有料

* 牛排的营养价值很高，它的氨基酸组成比猪肉更接近人体需要。牛肉富含优质蛋白质，是增肌人群热衷的肉类之一。

省点事儿

* 煎牛排好口感的方法：
1. 要选择厚底的平底锅，厚底锅不会马上降温，出现外面煎焦里面受热不好的情况。
2. 腌牛排时要先抹油，油可以封住肉中的水分让牛排更嫩而多汁。

香草腌三文鱼意面沙拉

分类 * 粉面

* 有腔调：煮三色卡通意面时觉得自己童心未泯，做饭吃饭中也有心思和热情。选择什么样的食材也代表选择了什么样的生活。

爱 健 康
烹饪时间：25 分钟
总卡路里：571 千卡

三大营养素供能占比
碳水化合物 40%　蛋白质 17%　脂肪 43%

食材：

三色意面（干）60g
香草腌三文鱼 65g
罗马生菜 80 克
樱桃番茄 6 个（约 100g）
荷兰豆 80g
盐 少许
橄榄油 少许

酱汁：

蜂蜜芥末酱 25g

做法：

1. 水中放少许盐，水烧开放入意大利面，按意面包装上建议时间煮熟。
2. 捞出煮好的意大利面，拌少许橄榄油待用。
3. 荷兰豆洗净焯水，捞出沥干水分。
4. 罗马生菜洗净，沥干或用厨房纸巾吸干叶子上的水分。
5. 香草腌三文鱼按照说明书提示提前解冻。
6. 将罗马生菜、樱桃番茄、荷兰豆码入盘中，三文鱼卷起摆在生菜上面。
7. 放上煮好的意大利面，淋入蜂蜜芥末酱即可。

省 点 事 儿

* 市售的香草腌三文鱼都是解冻后可以直接食用的，要按说明书自然解冻，千万不要加热。解冻后的三文鱼要尽快食用，不能再次冷冻了。

很 有 料

* 三文鱼中含有丰富的不饱和脂肪酸，有降低血脂和血清胆固醇的功效，可以帮助防治心血管疾病。不饱和脂肪酸中的 DHA 对儿童大脑发育有好处，也是儿童食谱的首选食材之一。

荞麦面沙拉

分类 * 粉面

* 有腔调。夏天是爆发阶段性吃素热潮的季节,味道清香的荞麦面又名"净肠草",借助它来告别油腻可好!

🌱 Vegetarian

爱健康
烹饪时间:20 分钟
总卡路里:572 千卡

三大营养素供能占比
碳水化合物 55%　蛋白质 18%　脂肪 27%

食材:

荞麦面(干)80g
罗马生菜 80g
彩椒 20g
鸡蛋 1 个
水萝卜 40g
黄色小番茄 50g
混合干果 30g
盐 少许

酱汁:

日式和风汁 25g

做法:

1. 荞麦面放入加过盐的水中煮熟,捞出用凉水冲洗,并沥干待用。
2. 罗马生菜用清水洗净,沥干水分。
3. 白水煮鸡蛋煮至全熟,放凉剥皮待用。
4. 鸡蛋对半切开,彩椒、水萝卜洗净沥干后分别切成条状和片状。
5. 黄色小番茄用清水洗净,沥干水分。
6. 用刀将小番茄切成两半。
7. 蔓越莓干和各种干果一起切碎,制成混合干果碎。
8. 将荞麦面放入碗中,其他食材放入盘中,淋入日式和风汁即可。

省点事儿

* 超市有一种半干速食面,在冷藏区存放,因为本身已经是湿润的面条,回家用沸水煮一下大概 2~3 分钟就可以了吃了。

很有料

* 荞麦面含有丰富的蛋白质,且蛋白质的氨基酸组成合理,赖氨酸、苏氨酸的含量较丰富。荞麦面还是较好的降糖食物,丰富的膳食纤维能增加饱腹感,是一种健康主食。

土豆粉笋尖沙拉

分类
＊
粉面

爱健康

烹饪时间：30 分钟
总卡路里：434 千卡

三大营养素供能占比

碳水化合物 64%　蛋白质 10%　脂肪 26%

＊有腔调。轻食主义已成为一种全新的生活态度。常常看到写字楼的美女们选择轻食沙拉做午餐，对不解的男同事笑而不语，一副请别问为什么，说了你也不懂的神秘。

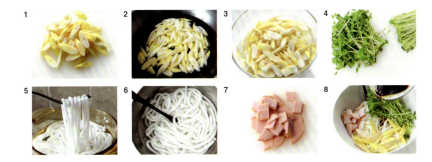

食材：

清水笋尖（罐头）100g
土豆粉 180g
豌豆苗 60g
火腿片 50g

酱汁：

大拌菜沙拉汁 20g

做法：

1. 笋尖取出用清水浸泡漂洗 2~3 次，用刀斜切成小块。
2. 锅中烧开水放入笋尖，中火煮沸 10 分钟。
3. 捞出笋尖泡入冷水中待用。
4. 豌豆苗切掉根部较老的部分，用水洗净后沥干待用。
5. 土豆粉放入开水中煮 2~3 分钟。
6. 捞出土豆粉立即放入冷水中冷却。
7. 火腿片切成小块待用。
8. 土豆粉、笋尖、豌豆苗、火腿放入大碗中，淋入大拌菜沙拉汁拌匀即可。

很有料

＊笋类含有丰富的植物蛋白和膳食纤维，能促进肠道蠕动，帮助消化，对积食、肥胖和习惯性便秘的人群尤为适合。竹笋也是素食者的大爱，号称"素食第一品"。

省点事儿

＊受地域和季节限制，很多地方买不到新鲜竹笋，可以选择罐头笋。无论新鲜竹笋还是罐头笋都要充分地漂洗、煮制、浸泡，为的都是去除竹笋的苦涩味。想吃鲜美的笋就不要省掉这些步骤。

菠菜粉丝金枪鱼沙拉

* 有腔调: 沙拉讲求简单烹饪，原料自然少添加，似乎蕴含着化繁为简、过犹不及的人生哲理。

分类
＊
粉面

爱健康

烹饪时间：15 分钟
总卡路里：450 千卡

三大营养素供能占比

碳水化合物 39%　蛋白质 19%　脂肪 42%

省点事儿

*1. 最好选择小叶菠菜，且保留菠菜根。
*2. 菠菜焯水的时间一定要短，否则水溶性维生素会严重流失。

1	2	3

4	5	6

食材：

菠菜 150g
粉丝（干）40g
水浸金枪鱼 50g
巴旦木仁 20g

酱汁：

芝麻沙拉酱 25g

做法

1. 菠菜切去老根，用清水洗净，放入开水中焯熟，大约 1 分钟即可捞出。
2. 捞出的菠菜迅速放入冷水中浸泡降温。
3. 干粉丝提前用温水泡软。
4. 泡软的粉丝放入开水中焯熟，捞出沥干。
5. 打开水浸金枪鱼罐头取出鱼肉。
6. 菠菜挤出多余水分摆入盘中，粉丝和金枪鱼肉摆在菠菜上，淋上芝麻沙拉酱，撒上巴旦木仁即可。

很有料

* 菠菜粉丝的搭配比较常见，粉丝有良好的附味性，可以吸收各种汤汁的味道。菠菜富含维生素，它是叶黄素的最佳来源之一。

包饼
+

主题食材
—
面包

皮塔饼

墨西哥卷饼

鸡蛋饼

越南春卷

火腿 Tartine 沙拉

* 有腔调：Tartine 可以称为开放式面包塔，就是在切片的欧包上涂抹酱汁并摆放食材，只要好看好吃放什么你说了算，发挥想象力就能组合出属于自己的个性 Tartine。

分类
*
包饼

爱健康

烹饪时间：10 分钟
总卡路里：450 千卡

三大营养素供能占比

| 碳水化合物 47% | 蛋白质 14% | 脂肪 39% |

食材：

法棍面包 75g
火腿 60g
圆生菜 60g
樱桃番茄 6 个（约 100g）
芝麻菜 少许

酱汁：

柠檬蛋黄酱 25g

做 法：

1. 法棍面包用刀斜切成薄片。
2. 火腿也同样切成薄片待用。
3. 圆生菜洗净并沥干，用手撕成小块。
4. 芝麻菜去掉根部留叶子，洗净擦干叶子表面水分。
5. 樱桃番茄洗净沥干后对切再对切，分成四半。
6. 法棍面包片涂抹柠檬蛋黄酱，按顺序摆放西生菜、火腿，最后用番茄和芝麻菜点缀即可。

省点事儿

* 如果不想冷食也可将面包片涂抹黄油，用烤箱烘烤 5 分钟，或用煎锅焙烤一下。

很有料

* 食材常见、制作简单，并且满足荤素搭配的要求。常用来做 Tartine 的食材还有牛油果、蓝莓、培根、奶酪等等，请尽情发挥想象吧！

什锦蔬菜皮塔饼沙拉

分类
*
包饼

爱健康

烹饪时间：15分钟
总卡路里：521千卡

三大营养素供能占比

碳水化合物 50%　蛋白质 15%　脂肪 35%

* 有腔调：皮塔饼是一种特别有意思的面包，中空的面包跟一个口袋似的所以也叫"口袋饼"，塞满什锦蔬菜后变得鼓鼓的，请抛弃任何餐具吧，直接上手就对了。

食 材：

皮塔饼 90g
速冻什锦蔬菜粒
（胡萝卜、玉米粒、
青豆）60g
辣味花生仁 30g

酱 汁：

番茄莎莎酱 60g

 Vegetarian

1
2
3
4
5 6

做 法：

1. 速冻什锦蔬菜粒直接入沸水煮熟，捞出沥干。
2. 什锦蔬菜粒中拌入番茄莎莎酱。
3. 再放入辣味花生仁拌匀。
4. 取出皮塔饼用微波炉或平底锅稍加热使之变软。
5. 皮塔饼撕开成两半，撑开饼皮。
6. 将拌好的什锦蔬菜粒装入饼皮中即可。

省点事儿

* 皮塔饼的原理是面团被高温烘烤，短时间胀大形成中空的面饼。自己烤皮塔饼也不难，发酵的面团排出空气，擀成圆片，放入230℃的烤箱烤4分钟就好了。

很 有 料

* 番茄莎莎酱是以西红柿为主的蔬菜酱汁，含有丰富的胡萝卜素、维生素C，是低卡健康的沙拉酱汁。皮塔饼的制作只需要很少的油，烤制过程也是无油的，它本身即是一种健康的主食。

凯撒沙拉

分类
*
包饼

* 有腔调："每个人的心中都有一种妈妈的味道,但是每一种味道都不一样。"其实真正的"正宗"与"美味"就藏在家中。

爱健康

烹饪时间：25 分钟
总卡路里：517 千卡

三大营养素供能占比
碳水化合物 33%　蛋白质 20%　脂肪 47%

食材：

吐司面包片 80g
培根 50g
鸡蛋 1 个（约 60g）
罗马生菜 120g
巴马臣奶酪碎 适量
黑橄榄片 适量

酱汁：

凯撒沙拉汁 25g

做法：

1. 煎锅内无须放油，小火烧热煎锅，放入培根片煎到两面变黄（大约煎 5 分钟），油脂析出。
2. 煎好的培根切成小块。
3. 罗马生菜用清水洗净沥干。
4. 将生菜撕成小块待用。
5. 鸡蛋煮至全熟，放凉后剥皮，用刀切成小块。
6. 面包片切成大小一致的面包丁。
7. 烤箱 200℃提前预热，放入面包丁，中层，约烤 5~8 分钟取出。
8. 将所有食材放入盘中，撒上黑橄榄片、巴马臣奶酪碎，淋上凯撒沙拉汁即可。

省点事儿

* 凯撒沙拉不能少了巴马臣干酪，如果买不到干酪也可以选择巴马臣奶酪粉代替，这种瓶装奶酪粉方便保存，还可以撒在比萨上。

很有料

* 这道沙拉营养丰富，谷物、肉、蛋、奶酪、蔬菜一应俱全，涵盖了正餐的全部营养需要。但凯撒沙拉汁的热量极高，想要避免热量摄入过高，一定要控制沙拉汁的用量。提醒：每多 10 克沙拉汁等于多摄入 45 千卡热量。

地中海面包沙拉

分类
*
包饼

爱健康
烹饪时间：10 分钟
总卡路里：543 千卡

三大营养素供能占比
碳水化合物 30%　蛋白质 14%　脂肪 56%

* 有腔调：你相信沙拉是有魔力的吗？我在沙拉的帮助下瘦身 50 斤，遇见了不一样的自己。它用魔力让我重拾生活的信心和美好。

Vegetarian

食材：
乡村面包 80g
菲达奶酪 80g
黄瓜 90g
番茄 120g
黑胡椒 适量

酱汁：
油醋汁 30g

省点事儿

*1. 番茄和黄瓜洗干净后用厨房纸巾吸干表面水分是最快的沥干方法。

*2. 菲达奶酪一般会浸泡在盐水中保存，食用时为了降低咸味需要在冷水中浸泡一会。

很有料

* 产自希腊的菲达奶酪是一种羊奶酪，含有优质蛋白质，营养丰富。奶酪表面有小洞和裂缝，比较易碎。

做法：

1. 乡村面包用手撕成小块。
2. 番茄和黄瓜用清水洗净，沥干水分后切成小块。
3. 取出菲达奶酪用清水浸泡一会，再切成小正方块。
4. 把所有食材放入碗中，淋入油醋汁，再撒上黑胡椒碎即可。

越南春卷沙拉

分类 * 包饼

爱健康
烹饪时间：15 分钟
总卡路里：465 千卡

三大营养素供能占比
碳水化合物 22%　蛋白质 21%　脂肪 57%

* 有腔调：一份不起眼的沙拉其实满足了色彩多样、食材丰富、营养健康的多种诉求，并满足日常能量所需。透明饼皮卷起的沙拉可以用最优雅的方式放入口中。

食材：

越南春饼皮 5 张
熏三文鱼 120g
香菜 30g
圆生菜 60g

酱汁：

番茄莎莎酱 60g

做法：

1. 熏三文鱼按照说明书提示提前解冻。
2. 香菜去掉根部，用清水洗净沥干待用。
3. 圆生菜用清水洗净后撕成小块，沥干待用。
4. 越南春卷皮放入饮用水中浸泡片刻，略变软就取出。
5. 取出泡软的春卷皮放在案板上，放上生菜、香菜。
6. 撒上番茄莎莎酱。
7. 在蔬菜上放一片熏三文鱼肉。
8. 把春卷皮从一端卷起，将食物包裹起来，卷好后从中间切开两份即可。

省点事儿

* 越南春卷放入水中浸泡时间不能过长，等它微微变软就取出放在干净的案板或大盘子中，稍等片刻它就会继续吸水变得透明且薄如蝉翼了。

很有料

* 越南春卷用糯米制成，口感柔软，没有什么味道，搭配清淡的番茄莎莎酱很清爽。这款沙拉的营养素供能脂肪占比较高，但不用担心，因为三文鱼中的脂肪属于健康的不饱和脂肪，还有助于保护心脏和血管健康。

时蔬鸡肉卷饼沙拉

分类 * 包饼

* 有腔调：几个姑娘来家里聚会，我做了鸡肉卷饼沙拉一人一大份，强调说：要吃光别浪费。见她们面露犹豫的表情，我又坚定地说：放开吃不会胖！

爱健康
烹饪时间：30 分钟
总卡路里：497 千卡

三大营养素供能占比
- 碳水化合物 40%
- 蛋白质 19%
- 脂肪 41%

很有料

* 这道菜的营养素供能占比合理，蛋白质含量充足，尤其是鸡胸肉的优质蛋白是瘦身者的最佳选择。

食材：

墨西哥卷饼 80g

鸡胸肉 60g

蟹味菇 100g

彩椒 50g

生菜 50g

松子仁 10g

葱姜 适量

黑胡椒 适量

盐 适量

料酒 适量

酱汁：

牧场沙拉酱 30g

做法：

1. 鸡胸肉用葱姜、料酒、盐提前腌制 30 分钟。
2. 腌制好的鸡胸肉切小块，撒上黑胡椒，烤箱200℃提前预热，放入中层烤 10~15 分钟。
3. 蟹味菇用清水洗净，放入沸水中焯熟。
4. 彩椒洗净后切成丝。
5. 生菜洗净后沥干，或用厨房纸巾吸干表面水分。
6. 将鸡胸肉、蟹味菇、彩椒、松子仁放入碗中，加入牧场沙拉酱拌匀。
7. 墨西哥卷饼放入锅中加热变软。
8. 在饼上铺生菜叶，再放入拌好的沙拉。
9. 将饼从一侧卷起，卷紧，再切开两半即可。

省点事儿

* 墨西哥卷饼类似中式春饼，超市可以买到现成的，用的时候要先热一下，用烤箱、平底锅、微波炉都可以。热过的饼非常柔软，可方便包裹各种食材。

很 有 料

* 贝果面包沙拉健康低脂,咸香适中。原味贝果仅由面粉、水、酵母制作而成,是柔韧筋道无添加的健康面包。

熏三文鱼蔬菜贝果沙拉

分类 ＊ 包饼

* 有腔调：心情黯淡时需要一份可以大口咀嚼、色彩缤纷的食物来舒缓情绪。

爱健康
烹饪时间：10 分钟
总卡路里：510 千卡

三大营养素供能占比
碳水化合物 45%　蛋白质 18%　脂肪 37%

食 材：
贝果面包 1 个
熏三文鱼 50g
菲达奶酪 40g
奶油生菜 50g

酱 汁：
番茄莎莎酱 50g

做 法：
1 熏三文鱼按照说明书提示提前解冻。
2 奶油生菜用清水洗净并沥干水分。
3 贝果面包用刀切开，分成上下两片。
4 菲达奶酪切片，平铺在下层贝果面包上。
5 奶酪上再覆盖奶油生菜、熏三文鱼片。
6 最上面撒上番茄莎莎酱。
7 将上层贝果面包盖上即可。

1
2
3
4
5
6
7

省 点 事 儿

*1. 吃不完的贝果面包装入纸袋子封好口，再用保鲜袋包裹放进冰箱，可存放 3~5 天。
*2. 菲达奶酪本身较咸，需提前用清水浸泡一会。它适合搭配淡味的沙拉酱，如油醋汁、番茄莎莎酱等。

托斯卡纳面包沙拉

分类 * 包饼

*有腔调：烤面包混合最普通的西红柿和黄瓜，这款沙拉给人的感觉仿佛置身于小说《托斯卡纳艳阳下》中描写的场景中：饱经沧桑的石墙、大片的常春藤和艳丽花朵，制作它的时候犹如身在异国厨房，发现了食物和文化之间的诸多奇妙。

爱健康
烹饪时间：20 分钟
总卡路里：470 千卡

三大营养素供能占比
碳水化合物 53% 蛋白质 8% 脂肪 39%

 Vegetarian

食材：

法棍面包 100g
黄瓜 1 小根（约 120g）
西红柿 1 个（约 165g）
洋葱 20 克
橄榄油 10g
蒜泥 适量

酱汁：

油醋汁 25g

做法：

1. 法棍面包用刀斜切成片状。
2. 蒜泥和橄榄油混合后均匀地涂抹在面包片上。
3. 烤箱 180℃ 提前预热，将涂抹好的面包片放入烤箱中层约烤 8 分钟。
4. 取出烤好的面包片晾凉后用刀切成小块待用。
5. 黄瓜和西红柿用清水洗净沥干，分别切成小块。
6. 洋葱洗净剥去外皮，用刀切成细丝状。
7. 面包块、黄瓜、西红柿、洋葱丝装盘，淋上油醋汁拌匀即可。

很有料

*法棍面包的配方很简单，通常只用面粉、水、盐和酵母四种基本原料，不加糖、奶、油，是特别健康低脂的经典面包。

省点事儿

*烤面包用的蒜泥要细一点，最好用压蒜器压成泥，如果没有压蒜器，就用蒜杵子或干净的擀面杖把大蒜捣烂。

芝麻菜香草面包沙拉

分类 * 包饼

* 有腔调：气味可能是记忆最久的东西，比如这款沙拉，在食物还未入口前香草的独特气味就飘散出来，优雅地品尝之后，会在不经意间雕刻出一段美好时光的印记。

Vegetarian

爱健康

烹饪时间：15 分钟
总卡路里：504 千卡

三大营养素供能占比
碳水化合物 53%　蛋白质 9%　脂肪 38%

食材：
软法棍面包 80g
芝麻菜 100g
松子仁 10g
蓝莓干 20g
橄榄油 适量
香草碎 适量

酱汁：
意大利香草汁 25g

省点事儿

* 法棍面包变硬回软的方法：在干了的法棍外面均匀喷一些水，然后放进 180 度的烤箱中烤几分钟，面包就像新烤出来的一样。

很有料

* 芝麻菜是味道清香浓郁的蔬菜，生食最好。中医认为芝麻菜属于药膳食材，有一定泻肺定喘、利水消肿的功效。

做法：

1. 摘掉芝麻菜比较老的根部。
2. 将芝麻菜用清水洗净，沥干水分待用。
3. 软法棍面包切成小块。
4. 面包块中加入适量橄榄油和香草碎拌匀。
5. 烤箱 200℃ 提前预热，将拌好的面包块入烤盘，中层烤 5~8 分钟，取出放凉待用。
6. 把芝麻菜和面包块放入碗中，淋入意大利香草汁，再撒上松子仁和蓝莓干即可。

吐司面包沙拉

很有料

* 吐司面包沙拉较传统三明治增加了蔬菜的用量，减少了沙拉酱的用量，在为身体提供均衡营养的同时也有效地控制热量摄入，且营养素供能占比更合理。

* 有腔调：有一部叫《吐司》的英国电影很好看，讲述了一个小男孩失去了只会做吐司面包的妈妈，后来成长为一名厨师的故事。所以，请不要轻视任何食物，即便是简单的面包片。

分类
*
包饼

爱健康

烹饪时间：10 分钟
总卡路里：516 千卡

三大营养素供能占比

- 碳水化合物 39%
- 蛋白质 18%
- 脂肪 43%

食材：

吐司面包 80g
鸡蛋 1 个
西红柿 50g
圆生菜 60g
火腿片 40g
豌豆苗 少许

酱汁：

芝麻沙拉酱 20g

做法：

1. 鸡蛋放入沸水中煮至全熟。
2. 捞出鸡蛋放凉后剥皮，用刀切成片状。
3. 西红柿用清水洗净，厨房纸巾吸干表面水分，用刀切成大片。
4. 圆生菜用清水洗净后撕成小块，火腿片取出待用。
5. 取一片面包将生菜、西红柿片、鸡蛋片铺好，挤上芝麻沙拉酱。
6. 用另一片面包覆盖后，先切去面包四边，再对半切开。
7. 将豌豆苗等剩余蔬菜、火腿片放入碗中淋入芝麻沙拉酱搭配切好的面包食用即可。

省点事儿

* 切掉的面包边不要浪费，切成丁用烤箱或平底锅烤酥，和蔬菜一起拌沙拉特别美味。

蛋奶 +

主题食材
—
鸡蛋

鹌鹑蛋

奶酪

很有料

* 鸡胸肉、培根、牛油果都是增加饱腹感的食材,千岛酱热量较高,但这款沙拉中只要控制好沙拉酱的分量就是一款热量较低、营养搭配均衡的好主食。

经典考伯沙拉

分类 ★ 蛋奶

*有腔调：有很多值得致敬的经典，就像红酒收藏家的82年拉菲，可口可乐的百年弧形瓶，等等。考伯沙拉（Cobb salad）是沙拉中的经典，经得起时间的推敲，美味自然不用多说。

爱健康

烹饪时间：30分钟
总卡路里：590千卡

三大营养素供能占比

碳水化合物 14%　蛋白质 23%　脂肪 63%

省点事儿

*想要更省事儿可以把煎培根改成烤培根，培根和鸡胸肉一起烤，能节省时间还能少刷锅碗。

食材：

牛油果半个（约50g）
鸡蛋1个（约60g）
洋葱 30g
培根 30g
鸡胸肉 80g
樱桃番茄6个（约100g）
罗马生菜 100g
切达奶酪碎 20g
黑胡椒碎 适量
海盐 适量

酱汁：

千岛酱 30g

做法：

1. 牛油果对半切开，用勺子挖出果肉再切成小块。
2. 樱桃番茄洗净沥干，用刀对半切再对切，一分为四。
3. 罗马生菜用清水洗净沥干，或用厨房纸巾吸干表面水分。
4. 洋葱洗净剥皮，先切丝再切成丁待用。
5. 鸡胸肉切成小块，均匀撒上黑胡椒碎和海盐腌制10分钟。
6. 烤箱200℃提前预热，鸡胸肉用锡纸包裹入中层烤12~15分钟。
7. 小火烧热煎锅不用放油，放入培根片煎到两面变黄，油脂析出。
8. 煎好的培根稍微晾凉，再切成小块。
9. 白水煮鸡蛋煮至全熟，放凉剥皮后切成小块。
10. 把生菜放在碗底，其他食材顺序地摆放在生菜上面，淋入千岛酱即可。

干果蔬菜奶酪沙拉

* 有腔调：继朋友圈刷屏晒跑步之后，越来越多人开始晒绿色健康餐，如果图中恰好有奶酪出现，感觉格调甩出别人好几条街。

Vegetarian

分类
★
蛋奶

爱健康
烹饪时间：10 分钟
总卡路里：450 千卡
三大营养素供能占比

碳水化合物 16%　蛋白质 21%　脂肪 67%

食材：

黄波奶酪 40g
布里奶酪 40g
豌豆苗 60g
紫甘蓝 100g
碧根果仁 20g

酱汁：

油醋汁 25g

做法：

1. 黄波奶酪用刀切成片状。
2. 布里奶酪用刀切成三角形块状。
3. 豌豆苗切掉根部较老的部分，用水洗净后沥干待用。
4. 紫甘蓝剥掉外层的老皮，用清水洗净后切成细丝。
5. 蔬菜放入盘中，奶酪摆在旁边，撒上碧根果仁，淋入油醋汁即可。

很有料

* 奶酪是一种发酵的牛奶制品，蛋白质和脂肪是它的主要成分。对于孕妇、中老年人及成长需求旺盛的青少年、儿童来说，奶酪也是最佳补钙食品之一。

省点事儿

*1. 购买奶酪时最好选择天然奶酪而非再制奶酪，再制奶酪为了改变性状添加了糖、香料、防腐剂等物质，营养价值不如天然奶酪。

*2. 天然奶酪要冷藏保存，虽然它属于发酵食品可以保存相对较长的时间，但还是建议少量购买尽快食用。

鹌鹑蛋芦笋沙拉

分类 ★ 蛋奶

* 有腔调：一天中选择一餐吃清淡、健康、营养平衡的沙拉，能让肠胃获得休息和调理。

爱健康
烹饪时间：20 分钟
总卡路里：420 千卡

三大营养素供能占比
- 碳水化合物 8%
- 蛋白质 22%
- 脂肪 70%

食材：
鹌鹑蛋 10 个（约 100g）
芦笋 200g
松子仁 20g

酱汁：
芝麻沙拉酱 25g

做法：
1. 芦笋放进沸水中焯熟，大约 2~4 分钟即可，捞出沥干水分。
2. 鹌鹑蛋洗净后放入沸水中煮熟，大约 3~4 分钟即可。
3. 剥去鹌鹑蛋外皮。
4. 去皮的鹌鹑蛋用水冲洗一下，再沥干待用。
5. 芦笋和鹌鹑蛋放入碗中，淋入芝麻沙拉酱，撒上松子仁即可。

省点事儿

* 快速剥鹌鹑蛋：煮熟的鹌鹑蛋装进加有少量清水的密封盒，盖上盖子上下摇晃一会，打开盒子很容易剥去蛋皮。

很有料

* 鹌鹑蛋的营养价值较高，个头小、口感好特别适合小朋友食用。

藕片青椒鸡蛋沙拉

分类
*
蛋奶

*有腔调：坚持每周至少吃素一天，收获是身体感觉很轻松，皮肤的暗斑也变淡了。

 Vegetarian

爱健康

烹饪时间：20 分钟
总卡路里：410 千卡

三大营养素供能占比

碳水化合物 52%　蛋白质 15%　脂肪 33%

食材：

鸡蛋 1 个（约 60g）
莲藕 120g
青椒 30g
红腰豆（罐头）50 克
葡萄干 20g

酱汁：

芝麻沙拉酱 25g

做法：

1. 莲藕洗净后去皮，用刀切成 0.5cm 的厚片。
2. 藕片放入沸水中焯熟，大约焯 3~5 分钟。
3. 捞出藕片放入冷水中浸泡一会，再沥干待用。
4. 白水煮鸡蛋煮至全熟，放凉剥皮后切成片状。
5. 青椒用清水洗净，用刀切成青椒圈。
6. 打开红腰豆罐头，取出红腰豆用筛子滤出水分。
7. 将所有食材放入盘中，撒上葡萄干淋入芝麻沙拉酱即可。

省点事儿

*1. 凉拌藕需要选择色泽较浅的脆藕，而颜色较深的粉藕口感面、软，适合煲汤。
*2. 焯好的藕泡入冷水中可以除去部分淀粉，口感更脆。

很有料

* 虽然是一道无肉的素沙拉，但营养配比相当合理，三大营养素供能占比完美，吃得美味健康又营养。妈妈再也不用担心我吃素会营养不够了！

魔鬼蛋沙拉

分类
*
蛋奶

*有腔调：普通无比的食材也能焕发出无穷的魅力，这就是烹饪的魔力。

Vegetarian

爱健康
烹饪时间：20 分钟
总卡路里：310 千卡

三大营养素供能占比

碳水化合物 16%　蛋白质 30%　脂肪 54%

食材：
鸡蛋白 4 个
鸡蛋黄 3 个
红黄彩椒 40g
黄瓜 50g

酱汁：
蜂蜜芥末酱 30g

做法：
1 彩椒和黄瓜清洗干净，用厨房纸巾吸干表面水分。
2 彩椒和黄瓜分别用刀切成小丁待用。
3 鸡蛋放入沸水中煮至全熟。
4 捞出鸡蛋放凉后剥皮，用刀切成 2 半。
5 用勺子挖出 3 个鸡蛋黄放入碗中，用勺子压碎。
6 在蛋黄中加入彩椒丁和黄瓜丁，加入蜂蜜芥末酱拌匀。
7 拌好的蜂蜜芥末酱装入鸡蛋白中即可。

省点事儿
*煮鸡蛋也可以选择电蒸蛋器，节约时间和能源，全熟蛋或是半熟蛋根据量水杯标志选择用水量，简单好控制。

很有料
*《中国居民膳食指南（2016）》取消了胆固醇摄入上限，每天只能吃一个蛋黄的观点已改变。

酸奶鸡蛋沙拉

分类 * 蛋奶

* 有腔调：新素食主义者其实放不下的是鸡蛋。

Vegetarian

爱健康

烹饪时间：10 分钟
总卡路里：380 千卡

三大营养素供能占比

| 碳水化合物 31% | 蛋白质 21% | 脂肪 48% |

食材：

鸡蛋 2 个
草莓 120g
桑葚 120g
黄瓜 100g

酱汁：

酸奶沙拉酱 60g

1
2
3
4
5
6

做法：

1. 鸡蛋煮至全熟。
2. 鸡蛋捞出放凉后剥皮，切成小块待用。
3. 草莓、桑葚用水反复冲洗，洗净捞出沥干。
4. 草莓用刀切成片状。
5. 黄瓜用清水洗净，也切成片状。
6. 将所有食材放入碗中，淋入酸奶沙拉酱拌匀即可。

很有料

* 鸡蛋中所含蛋白质和人体蛋白质的氨基酸模式最相近，容易被吸收利用，建议一天吃 1~2 个鸡蛋。

省点事儿

* 草莓、桑葚这类表面粗糙又娇嫩的水果不好清洗，可以在水中放少量面粉和草莓、桑葚混合清洗，面粉的黏性能把果肉表面的农药残留物吸附掉。

综合坚果鹌鹑蛋沙拉

分类
*
蛋奶

* 有腔调：从一个人吃饭的态度多少能看出他/她对人生的态度，自己吃饭也绝不将就的人，一定很爱生活，很爱自己！

爱健康
烹饪时间：15 分钟
总卡路里：566 千卡
三大营养素供能占比
碳水化合物 22%　蛋白质 15%　脂肪 63%

Vegetarian

食材：
鹌鹑蛋 10 个（约 100g）
芝麻菜 100g
洋葱（小个）20g
综合干果 50g

酱汁：
千岛酱 25g

做法：

1. 鹌鹑蛋洗净后放入沸水中煮熟，大约 3~4 分钟即可。
2. 煮熟的鹌鹑蛋装进加有少量清水的密封盒，盖上盖子上下摇晃一会，打开盒子剥去蛋皮。
3. 去皮的鹌鹑蛋用水冲洗一下，沥干再切开两半待用。
4. 芝麻菜摘去根部较老的部分，用清水洗净后沥干待用。
5. 小洋葱去皮后切成洋葱圈。
6. 将各种干果、水果干混合成综合坚果。
7. 将全部食材放入碗中，淋入千岛酱，撒上综合坚果即可。

省点事儿

* 自己在家制作综合干果经济美味，可以根据自己喜欢的口味选择品种搭配。

很有料

* 综合干果的营养效果比单一品种更好，但也不宜食用太多，每日 30~50 克即可。

意大利经典卡普里沙拉

分类 * 蛋奶

* 有腔调：在炎炎盛夏懒得开火做饭，选择食材丰富、营养美味的卡普里沙拉绝对是好主意。奶酪、罗勒叶和番茄的经典搭配如同意大利国旗色，带有浓浓异国风情。

Vegetarian

爱健康

烹饪时间：10 分钟
总卡路里：585 千卡

三大营养素供能占比

碳水化合物 23%　蛋白质 20%　脂肪 57%

食材：

鲜马苏里拉奶酪 125g
西红柿 1 个（约 165g）
罗勒叶 30g
迷你面包圈 40g
黑胡椒碎 适量
海盐 适量

酱汁：

油醋汁 30g

| 1 | 2 | 3 |

| 4 | 5 | 6 |

做法：

1. 番茄和罗勒叶用清水浸泡一会，洗净并沥干。
2. 用厨房纸巾吸干西红柿表面水分，切成大片待用。
3. 取出浸泡在液体中的鲜马苏里拉奶酪（大雪球形状），用清水冲洗并沥干。
4. 将大雪球奶酪切成均匀的大片状待用。
5. 按照西红柿片、罗勒叶、奶酪片的顺序交替摆入盘中，面包圈也放入盘中。
6. 淋入油醋汁，再撒少许黑胡椒碎和海盐即可。

很有料

* 奶香浓郁却又清爽，罗勒的香气可以帮助安抚神经紧张、缓解焦虑。

省点事儿

* 新鲜的马苏里拉奶酪和通常用来做比萨的马苏里拉干酪不同，它外形纯白圆润，口感软滑，切勿用马苏里拉干酪代替哟。

培根芦笋鸡蛋沙拉

分类
*
蛋奶

* 有腔调：对待我们宠坏了的舌尖和超负荷的肠胃来说，选择简单食材和简化烹饪绝对是个福音。

爱健康

烹饪时间：20 分钟
总卡路里：375 千卡

三大营养素供能占比

碳水化合物 19%　蛋白质 36%　脂肪 45%

食　材：

鸡蛋 2 个
芦笋 200g
培根 80g

酱　汁：

蜂蜜芥末酱 30g

1 　2 　3

4 　5 　6

做　法：

1. 鸡蛋煮至全熟。
2. 鸡蛋捞出放凉后剥皮，用刀切成片状待用。
3. 芦笋放进沸水中焯熟，大约 2~4 分钟即可，捞出沥干水分。
4. 小火烧热煎锅不用放油，放入培根片煎到两面变黄，油脂析出。
5. 煎好的培根取出稍放凉，用刀切小块。
6. 把鸡蛋、培根、芦笋放进盘中，淋入蜂蜜芥末酱即可。

很有料

* 芦笋含有多种人体必需的常量元素和微量元素，其中叶酸含量较多，孕妇常食芦笋有利于胎儿大脑发育。

省点事儿

* 芦笋的保存方法：切掉芦笋根部 2~3 厘米，找一个杯子里面放一些水，把芦笋插进杯子让根浸泡在水中，再用保鲜袋套住芦笋和杯子。这样存放芦笋的顶部也能保持青翠鲜嫩。

马苏里拉蚕豆沙拉

* 有腔调：对吃的讲究不仅限于味道还要有温度，据说马苏里拉奶酪在接近人体的温度时食用最鲜美。

 Vegetarian

分类 * 蛋奶

爱健康
烹饪时间：10 分钟
总卡路里：556 千卡
三大营养素供能占比
碳水化合物 21%　蛋白质 25%　脂肪 54%

食材：
鲜马苏里拉奶酪 125g
去皮鲜蚕豆 100g
樱桃番茄 12 个（约 200g）

酱汁：
意大利香草汁 25g

做法：
1. 鲜蚕豆洗净放入沸水中焯熟，大约 2 分钟。
2. 然后用漏勺捞出冲冷开水，沥干待用。
3. 取出浸泡在液体中的鲜马苏里拉奶酪（小雪球形状），用清水冲洗并沥干。
4. 樱桃番茄用清水洗净，沥干或用厨房纸巾吸干表面水分。
5. 将所有食材放入碗中，淋入意大利香草汁拌匀即可。

很有料

* 中医认为蚕豆味甘，有帮助治疗脾胃不健、水肿等病症的功效。

省点事儿

* 如果你买到带皮的蚕豆要如何剥皮呢？可以在开水中加适量的碱，把蚕豆倒入焖上 15 分钟，泡软的蚕豆很容易剥皮。但剥出的蚕豆要用水反复冲洗。

谷物+

主题食材
—
藜麦

燕麦

大麦

大米

荞麦

古斯米

薏米

菌菇藜麦沙拉

分类 * 谷物

* 有腔调：在大鱼大肉之后心中时常会燃起我行我"素"的美食态度。

 Vegetarian

爱 健 康

烹饪时间：25 分钟
总卡路里：542 千卡

三大营养素供能占比

碳水化合物 55%　蛋白质 32%　脂肪 13%

食材：

藜麦（干）60g
香菇 30g
杏鲍菇 50g
鲜青豆 40g
蓝莓干 20g
腰果 10g

酱汁：

芝麻沙拉酱 30g

1 　2 　3 　4

5 　6 　7 　8

做法：

1. 藜麦用清水冲洗干净，不用提前浸泡。
2. 藜麦放入沸水中煮 10~15 分钟，麦粒膨胀、变半透明即可捞出沥干，晾凉。
3. 香菇和杏鲍菇用清水浸泡并清洗干净。
4. 用刀将香菇和杏鲍菇分别切成小块。
5. 将菌菇放入沸水中焯熟，大约 2~3 分钟。
6. 捞出菌菇过冷水，再用厨房纸巾吸干菌菇表面水分。
7. 鲜青豆洗净后放入沸水中焯熟，大约 3~4 分钟。
8. 所有食物放入盘中，淋入芝麻沙拉酱即可。

省点事儿

* 藜麦有白色、红色、黑色三种，但三种藜麦营养价值差异不大。我用的是三色混合的藜麦，如果单独使用白色藜麦口感最好。

很有料

* 藜麦虽然是植物却含有动物界才有的完全蛋白质，蛋白质氨基酸组成合理，均衡地含有人类 9 种必需氨基酸。

西蓝花大麦米沙拉

分类 * 谷物

* 有腔调：绘本《我不爱吃沙拉》中的罗斯小公主不喜欢吃蔬菜，父母给了她蔬菜种子，经过小公主的精心呵护种子长成美丽的蔬菜，她也变成了爱吃蔬菜的小公主。

爱健康

烹饪时间：10 分钟
总卡路里：453 千卡

三大营养素供能占比

碳水化合物 53%　蛋白质 21%　脂肪 26%

食材：

大麦米（干）70g
西蓝花 100g
彩椒 50g
鸡胸肉 50g
碧根果仁 10g
葱姜 适量

酱汁：

酸奶沙拉酱 50g

做法：

1. 大麦米提前浸泡一晚（8 小时以上）。
2. 泡好的大麦米煮熟，捞出沥干。
3. 鸡胸肉冷水下锅，水中放入葱姜，水沸后煮 8~10 分钟，之后离火闷 10 分钟。
4. 鸡胸肉放凉，用手撕成丝。
5. 西蓝花洗净，放入沸水中焯熟，大约 2~3 分钟。
6. 焯好的西蓝花马上过冷水，再沥干待用。
7. 彩椒清洗干净，厨房纸巾吸干表面水分，用刀切成条状。
8. 所有食物放入碗中，淋入酸奶沙拉酱即可。

省点事儿

* 西蓝花不好清洗，可以用淡盐水浸泡几分钟帮助去除虫害和农药。

很有料

* 鸡胸肉是高蛋白低脂肪的肉类，它味淡、口感细嫩，很适合凉拌。

牛排古斯米沙拉

分类 * 谷物

* 有腔调：健身房挥汗如雨地奔跑加上一个小时的力量训练之后，身体舒畅轻盈而胃里却显露空虚，最好的选择是用牛排缓解撕裂的肌肉酸痛，低盐低油高蛋白质的沙拉有利于增肌。

爱健康
烹饪时间：25 分钟
总卡路里：538 千卡

三大营养素供能占比
碳水化合物 36%　蛋白质 23%　脂肪 41%

食材：

古斯米（干）50 克
黑椒牛排 150 克
苦菊 50g
奶油生菜 50g
黑胡椒碎 适量
海盐 适量

酱汁：
日式和风汁 30g

做法：

1. 称出一定分量的古斯米，用水快速冲洗一下。
2. 古斯米中加入相同体积或略多一点的热水浸泡，大约 3~5 分钟待水分完全被吸收，用勺子搅拌至米粒松散。
3. 牛排提前解冻后，用厨房纸巾吸干表面水分，两面均匀撒上黑胡椒碎和海盐。
4. 煎锅烧热后放少量油，油热后放入牛排，每一面煎 1 分半到 2 分钟即可。
5. 煎好的牛排取出微凉后，用刀切成条状。
6. 苦菊去根，用清水洗净并沥干。
7. 奶油生菜撕成小块，用清水洗净并沥干。
8. 苦菊和生菜放入盘中，均匀撒上古斯米，放上牛排，再淋入日式和风汁即可。

很有料
* 古斯米其实是一种粗麦粉，和牛排搭配很适合减脂增肌的运动人群。

省点事儿
* 市售的古斯米有一般都是半熟的，不用水煮只要用热水浸泡让其充分吸水即可，简直比泡面都简单。

青瓜薏米火腿沙拉

* 有腔调：火热夏日来一份清清爽爽的青瓜薏米沙拉特别消暑，薏米还能养颜美白去水肿呢。

> 分类
> *
> 谷物

爱 健 康

烹饪时间：35 分钟
总卡路里：510 千卡

三大营养素供能占比

碳水化合物 50%　蛋白质 18%　脂肪 32%

食 材：

薏米（干）70g
黄瓜 60g
火腿片 80g
黑橄榄圈 适量

酱 汁：

油醋汁 25g

做 法：

1. 薏米提前浸泡一晚，煮熟待用。
2. 煮好的薏米过冷水，再捞出沥干待用。
3. 黄瓜洗净切成小丁。
4. 火腿片切成小块待用。
5. 所有食物放入盘中，撒上黑橄榄圈，淋入油醋汁即可。

省 点 事 儿

* 薏米很难煮烂，通过提前浸泡可以节省煮薏米的时间，如果天热最好在冰箱冷藏室浸泡薏米。浸泡过夜的薏米煮上 20~30 分钟即可。

很 有 料

* 薏米可以健脾祛湿，有美白养颜的功效。煮薏米的水不要丢掉，加些冰糖再冷藏一下就是夏季的美白特饮。

玉米青豆凤尾鱼沙拉

分类 * 谷物

爱健康
烹饪时间：15 分钟
总卡路里：450 千卡

三大营养素供能占比
碳水化合物 7%　蛋白质 19%　脂肪 74%

* 有腔调：生活中很多小成就能带来大快乐，比如下厨做沙拉。

食材：
速冻混合蔬菜 200g
凤尾鱼罐头 60g
松子仁 10g

酱汁：
凯撒沙拉酱 30g

很有料

* 也可选用新鲜玉米粒、青豆、胡萝卜代替速冻蔬菜，从味道、色泽和营养素含量上来说速冻蔬菜和新鲜蔬菜差别不大。

做法：

1. 混合蔬菜（玉米、青豆、胡萝卜）无须提前解冻，放入沸水中焯熟即可。
2. 捞出混合蔬菜沥干待用。
3. 打开凤尾鱼罐头，取出鱼肉。
4. 将鱼肉切成小丁。
5. 混合蔬菜、凤尾鱼放入碗中，倒入松子仁。
6. 淋入凯撒沙拉酱拌匀即可。

省点事儿

* 用速冻混合蔬菜能节约不少时间，蔬菜速冻前已经蒸煮，无需解冻直接煮沸 1~2 分钟即可。

森林蔬菜藜麦沙拉

分类 ★ 谷物

* 有腔调：春天的绿色蔬菜浅浅，浓淡相宜，心情明媚时胃口也被唤醒，真想拥抱一座森林，吃下整个春天。当然还要保证能"享瘦"迎接即将到来的盛夏。

爱健康

烹饪时间：25 分钟
总卡路里：556 千卡

三大营养素供能占比
碳水化合物 44% 蛋白质 14% 脂肪 42%

🌱 Vegetarian

食材：

藜麦（干）70g
秋葵 100g
菠菜 80g
牛油果半个（约50g）
布里奶酪 20g

酱汁：

意大利香草汁 25g

做法：

1. 藜麦用清水冲洗干净，不用提前浸泡。
2. 藜麦放入沸水中煮 10~15 分钟，捞出沥干晾凉。
3. 牛油果对半切开，剥去果皮再切片。
4. 秋葵洗净后用水焯熟，焯 1~2 分钟。
5. 秋葵捞出过冷水，沥干切成小段。
6. 菠菜洗净后用水焯熟，焯 30 秒~1 分钟。
7. 菠菜捞出挤干水分，切成小段。
8. 所有食物放入碗中，加入布里奶酪，淋入意大利香草汁即可。

省点事儿

1. 想让焯过水的蔬菜保持翠绿可以在水中加一点盐和油。
2. 菠菜要先焯水再切段，可保护维生素少流失。

很有料

* 牛油果和奶酪为身体提供了优质的脂肪和蛋白质，虽然是素食沙拉但营养丝毫不差，500 卡路里的热量摄入适合一天中任何一餐。

燕麦米虾仁沙拉

分类 * 谷物

*有腔调：有嚼劲的燕麦遇见脆鲜的虾仁，让我爱上了细嚼慢咽的感觉。

爱健康

烹饪时间：35 分钟
总卡路里：482 千卡

三大营养素供能占比

碳水化合物 48%　蛋白质 20%　脂肪 32%

食材：

燕麦米（干）60g
虾仁 100g
黄瓜 100g
巴旦木仁 10g
葡萄干 20g

酱汁：

牧场沙拉酱 30g

很有料

*燕麦米营养价值很高，脂肪含量是大米的 4 倍，其脂肪由不饱和脂肪酸、亚麻油酸和次亚麻油酸构成，对血管有一定的保健作用。

省点事儿

*燕麦米煮熟后口感和大米不同，还是韧韧的感觉。煮燕麦米前也可以提前浸泡 2~3 个小时，可以熟得更快。

做法：

1. 燕麦米洗净后用电饭锅焖熟，注意加水的量适当多于煮白米饭。
2. 盛出燕麦米放凉，拌散待用。
3. 虾仁用水冲洗干净，去掉虾线。
4. 虾仁焯熟待用。
5. 黄瓜洗净后沥干水分，用刀切成薄片。
6. 将燕麦米、虾仁、青瓜放入碗中，加入果仁、葡萄干和牧场沙拉酱，拌匀即可。

蔓越莓坚果藜麦沙拉

分类 * 谷物

爱健康

烹饪时间：20 分钟
总卡路里：598 千卡

三大营养素供能占比
碳水化合物 51%　蛋白质 14%　脂肪 35%

* 有腔调。维秘名模完美的背后除了天生丽质以外还有后天的努力和克制。她们的饮食以健康的蔬菜水果为主。坚持运动及保持清淡饮食是美丽的后天养成秘方。

✽ Vegetarian

食 材：

藜麦（干）55g
西蓝花 180g
蔓越莓干 40g
巴旦木仁 20g

酱 汁：

意大利香草汁 25g

1

2

3

4

5

6

很 有 料

* 蔓越莓、西蓝花都是抗氧化的首选食材，能帮助身体对抗多种疾病，还能延缓衰老。

做 法：

1. 藜麦用清水冲洗干净，不用提前浸泡。
2. 藜麦放入沸水中煮 10~15 分钟，麦粒膨胀、变半透明即可食用，捞出沥干，晾凉。
3. 西蓝花用清水洗净，用手撕成小块。
4. 西蓝花放入沸水中焯熟，大约 2~3 分钟。
5. 焯好的西蓝花马上过冷水，再沥干待用。
6. 将藜麦、西蓝花放入碗中，撒上蔓越莓干和巴旦木仁，淋入意大利香草汁拌匀即可。

省 点 事 儿

* 用刀切西蓝花很容易碎掉，最简单的方法是用手撕开。从根部开始，轻轻掐断分离就可以摘下一小朵完整的西蓝花。

纳豆豆腐米饭沙拉

分类
*
谷物

爱健康
烹饪时间：35 分钟
总卡路里：452 千卡

三大营养素供能占比
碳水化合物 50%　蛋白质 19%　脂肪 31%

* 有腔调：沙拉并非只是一片绿色的森林，它的魅力在于具备了别具一格的食材组合，立体丰富的营养搭配。尤其是融合了东方系的食材和佐料后更能变换出无数精彩的特色沙拉。

 Vegetarian

食材：

米饭 100g
纳豆 1 盒（约 50g）
嫩豆腐 175g
秋葵 80g
泡菜 适量
海苔 适量

酱汁：

日式和风汁 30g

1　　2　　3　　4　

5　　6　　7　　8　

做法：

1. 用电饭锅按平常煮饭的方式煮熟米饭。
2. 秋葵洗净后放入沸水中焯熟，大约 1~2 分钟。
3. 焯好的秋葵捞出立即放入冷水中过凉。
4. 秋葵过凉后捞出，沥干水分，用刀切成小段。
5. 嫩豆腐从盒子中取出，小心切成厚片。
6. 纳豆提前解冻，加入自带的酱油和芥末搅拌至拉丝。
7. 放凉的米饭盛入碗中，上面放嫩豆腐。
8. 再把秋葵、纳豆、泡菜摆上，淋入日式和风汁，装饰上海苔即可。

省点事儿

* 秋葵烹饪时要整根煮后再切开，防止里面的黏液流走损失营养。

很有料

* 秋葵和纳豆都有黏黏的丝且都营养丰富，秋葵的黏液富含秋葵多糖，可减肥降脂。纳豆的黏液是一种黏蛋白，有美容养颜的效果。

荞麦片蔬菜沙拉

* 有腔调：盛夏已至，有多久没有听过虫鸣鸟叫的声音了？厌倦了都市钢铁丛林中的快餐生活，不如回归自然用食物的本色温暖自己。

 Vegetarian

分类 * 谷物

爱健康
烹饪时间：10 分钟
总卡路里：464 千卡

三大营养素供能占比

| 碳水化合物 56% | 蛋白质 8% | 脂肪 36% |

食 材：
即食荞麦片 70g
黄瓜 50g
牛油果 50g
水萝卜 40g
碧根果仁 10g
葡萄干 适量

酱 汁：
酸奶沙拉酱 60g

省点事儿

* 选择牛油果要看表皮颜色，浅绿色的表皮说明牛油果还没熟。深青色的牛油果可以买回家立即食用。中等色的则可以放置几天后，待颜色变深再食用。

很有料

* 荞麦片能够帮助清除肠胃的垃圾，健脾消积。也可降糖，特别适合糖尿病患者食用。

做法：

1. 水萝卜用水冲洗干净，摘掉叶子，沥干待用。
2. 用刀将水萝卜切成薄片。
3. 黄瓜清洗干净后用刀切薄片。
4. 牛油果先切开两半，剥去外皮取出果肉后切片。
5. 荞麦片放入盘中，放上黄瓜和水萝卜片。
6. 摆上牛油果片，撒上碧根果仁和葡萄干，淋上酸奶沙拉酱即可。

豆类
+

主题食材
—
红豆

鹰嘴豆

豆腐

纳豆

芸豆

红腰豆

香椿苗黑豆干沙拉

* 有腔调：心情再差也不能放弃吃沙拉，因为吃着吃着心情就好了。

Vegetarian

分类
*
豆类

爱健康
烹饪时间：5分钟
总卡路里：470千卡

三大营养素供能占比

碳水化合物 22%　蛋白质 32%　脂肪 46%

食材
黑豆干 180g
香椿苗 100g
巴旦木仁 10g

酱汁
姜香沙拉汁 40g

做法：
1. 准备几块黑豆干，如果没有用熏豆干代替也可以。
2. 黑豆干用刀切成薄片状。
3. 香椿苗去除根部，用清水洗净，并沥干待用。
4. 巴旦木仁用刀切碎待用，黑豆干和香椿苗放入碗中，撒上巴旦木碎，淋入姜香沙拉汁即可。

1　2

很有料

* 豆腐是素食者摄取蛋白质的优质食物来源，对于因乳糖不耐受而不能喝牛奶的人群，也可以用豆浆来替代牛奶。

3　4

省点事儿

* 我用的黑豆干是山西的酱豆干，口感略硬有嚼头，酱香味道很浓郁。据我所知还有一种产于苏州的黑色豆腐干，是用白干豆酱烧煮上色的，口味同样硬且有嚼劲，但味道咸鲜而略带甜。当然如果买不到黑豆干用白干代替也同样美味。

牛油果豆腐沙拉

分类
*
豆类

* 有腔调：我喜欢这种混搭风格，西式的牛油果，中式的嫩豆腐，无论在颜色、口感、营养方面都非常协调，又充满惊喜感。

❋ Vegetarian

爱健康

烹饪时间：10分钟
总卡路里：510千卡

三大营养素供能占比

碳水化合物 20%　蛋白质 13%　脂肪 67%

1　2

3　4

5　6

食材：

牛油果 1 个（约 150g）
嫩豆腐 200g
碧根果仁 10g
柠檬 2 片

酱汁：

日式和风汁 40g

很有料

* 豆腐中的大豆异黄酮有一定美容养颜抗衰老的功效，牛油果中富含维生素和植物油脂，也是很好的美容护肤食品。

做法：

1. 用刀将牛油果对半切开。
2. 剥去牛油果的果皮，取出果肉切成片状。
3. 从盒子中小心取出嫩豆腐，切成片状。
4. 空盘中先淋些日式和风汁。
5. 一片牛油果一片豆腐交替摆在盘中。
6. 撒上碧根果碎，挤上柠檬汁，再淋入一些日式和风汁即可。

省点事儿

* 如何将嫩豆腐完整的从盒子中取出？
把盒子反转过来，用剪子将盒底四个角剪掉一块，让空气进入盒子里，再将豆腐盒正过来揭去包装纸，这时就可以轻松将嫩豆腐完整倒扣在盘中。

鹰嘴豆青豆玉米沙拉

分类 * 豆类

* 有腔调：夏天傍晚凉爽而舒适，抵不住消夏晚餐的诱惑——有栗子香气的鹰嘴豆和无法抗拒的啤酒。

Vegetarian

爱健康

烹饪时间：25 分钟
总卡路里：493 千卡

三大营养素供能占比
- 碳水化合物 35%
- 蛋白质 17%
- 脂肪 48%

食材：

鹰嘴豆（干）40g
鲜青豆 50g
玉米粒 50g
圆生菜 100g
开心果仁 20g
黑橄榄 适量

酱汁：

芝麻沙拉酱 30g

1

2

3

4

5

6

做法：

1. 干鹰嘴豆需提前浸泡一夜（8 小时以上）。
2. 水中加盐，水沸放入鹰嘴豆煮 10~15 分钟左右，捞出沥干。
3. 鲜青豆洗净后放入沸水中焯熟，大约 3~4 分钟。
4. 玉米粒放入沸水中焯熟。
5. 圆生菜用水清洗干净，并撕成小块。
6. 将所有食物放入碗中，撒上黑橄榄圈和开心果仁，再淋入芝麻酱即可。

省点事儿

* 鹰嘴豆很硬要提前浸泡才容易煮软。
* 也可以买现成的鹰嘴豆罐头，开罐即食，非常方便。

很有料

* 鹰嘴豆的营养易于被人体消化吸收，是一种很好的植物氨基酸补充剂，适合各类人群食用。

豆干豌豆苗沙拉

分类 * 豆类

*有腔调：减重只是轻食的额外收获，我们的目的在于健康。

Vegetarian

爱 健 康

烹饪时间：10 分钟
总卡路里：450 千卡

三大营养素供能占比

碳水化合物 43%　蛋白质 24%　脂肪 33%

食 材：

熏豆干 120g
豌豆苗 120g
古斯米（干）40g
刺山柑 适量

酱 汁：

油醋汁 25g

做 法：

1. 豌豆苗洗净，如果较长，从中间切开。
2. 豌豆苗用开水迅速焯烫一下。
3. 捞出豌豆苗迅速过冷水，再捞出沥干。
4. 熏豆干切成小片。
5. 古斯米倒入碗中，加入 1~2 倍的热水，泡到古斯米吸饱水分。
6. 用勺子把泡好的古斯米拌散。
7. 把所有食物放入碗中，放入刺山柑，淋入油醋汁拌匀即可。

省 点 事 儿

*存放熏豆干时要保持豆干表面干燥，放入保鲜袋中冷藏保存，尽快食用。也可以放进冷冻室存放，保存时间更长，但冻过的豆干内部会出现蜂窝，口感欠佳。

很 有 料

*此沙拉的三大营养素供能比合理，满足了平衡膳食的需要。豌豆苗含有丰富的膳食纤维，有清肠防止便秘的作用。

黑豆白玉菇沙拉

* 有腔调：你就是魔法仙女，在饥肠辘辘时可以变出温暖美味的食物。

分类
*
豆类

爱 健 康
烹饪时间：20 分钟
总卡路里：399 千卡

三大营养素供能占比
碳水化合物 50%　蛋白质 36%　脂肪 14%

食 材：

罐头黑豆 180g
鸡胸肉 80g
白玉菇 120g

酱汁：

姜香沙拉汁 40g

省 点 事 儿

* 煮鸡胸嫩而不柴的方法是一半煮一半焖，鸡胸煮 10 分钟再焖 10 分钟，省火又省力。

很 有 料

* 黑色食物与白色食物所含的营养常被称为黑营养和白营养，黑白食材搭配无论从美感上还是营养方面都很出色。白色的鸡胸肉富含优质蛋白，黑豆含有花青素，可抗氧化及帮助清除自由基，还是公认的补肾首选食材。

1	2	3

4	5	6

做法：

1. 白玉菇洗净，用水焯熟。
2. 捞出白玉菇迅速过冷水，再沥干待用。
3. 鸡胸洗净用水煮熟捞出（冷水下锅，水开后约煮 8~10 分钟）。
4. 鸡胸肉放凉后用手撕成小块。
5. 捞出罐头中的黑豆沥干。
6. 将所有食物放入碗中，淋入姜香汁拌匀即可。

黄瓜花红腰豆沙拉

分类 * 豆类

爱健康

烹饪时间：5分钟
总卡路里：460千卡

三大营养素供能占比
碳水化合物 55%　蛋白质 32%　脂肪 13%

* 有腔调：一份清爽的沙拉餐可以消夏解暑，让我们坦然地享瘦夏天吧！

※ Vegetarian

很有料

* 味道清香略带苦味，口感清清脆脆的黄瓜花有清热祛火的作用，和红腰豆搭配出一道健康营养的沙拉主餐。

食材：

罐头红腰豆 200g
黄瓜花 180g
巴旦木仁 15g

酱汁：

大拌菜沙拉汁 30g

做法：

1. 黄瓜花用剪子剪去过长的蒂，用淡盐水浸泡一会。
2. 黄瓜花洗净捞出沥干。
3. 捞出罐头中的红腰豆，用筛子沥干水分。
4. 将所有食材放入碗中，撒上巴旦木仁，再淋入大拌菜沙拉汁拌匀即可。

省点事儿

* 黄瓜花很娇嫩不好清洗，用盐水浸泡一会再用流水冲洗几次，用厨房纸巾吸干表面水分和黄色花朵上的水分，这样拌出的沙拉才更入味。

白芸豆沙拉

分类
*
豆类

* 有腔调：这虽然是一款素沙拉，但三大营养素供能占比却接近完美。食物没有绝对的好坏，主要看吃的方法和搭配。

Vegetarian

爱健康

烹饪时间：25 分钟
总卡路里：415 千卡

三大营养素供能占比

- 碳水化合物 55%
- 蛋白质 20%
- 脂肪 25%

食材：

罐头白芸豆 200g
土豆 100g
混合蔬菜 120g

酱汁：

凯撒沙拉酱 35g

做法：

1. 土豆洗净，用削皮器去皮。
2. 土豆切成小丁放入沸水中煮熟，大约煮 8~10 分钟。
3. 捞出土豆丁过冷水，再沥干待用。
4. 混合蔬菜（玉米、青豆、葫芦卜）放入沸水中焯熟，捞出沥干。
5. 取出罐头中的白芸豆，放入筛网中沥干。
6. 将所有食物放入碗中。
7. 淋入凯撒沙拉酱拌匀即可。

省点事儿

* 选择罐头白芸豆很方便，但也可以自己煮白芸豆，煮前要用冷水泡 4 小时以上，泡到表面起皱，用高压锅煮 15 分钟左右即可。

很有料

* 白芸豆属于传统药食同源食材，中医认为其味甘性平，具有温中下气、利肠胃的药用保健价值。

红豆薏米桂圆沙拉

分类 * 豆类

爱健康
烹饪时间：35 分钟
总卡路里：540 千卡

三大营养素供能占比
碳水化合物 55%　蛋白质 32%　脂肪 13%

* 有腔调：面前一大份美颜低卡的红豆薏米桂圆沙拉，还没入口就感觉自己已经获得了身心上的满足和提升。

 Vegetarian

食　材：

薏米（干）40g
红豆（干）50g
桂圆（干）20g
黄瓜 60g
松子仁 10g

酱　汁：

大拌菜沙拉汁 30g

1　
2　
3　
4　
5　
6　

很有料

* 红豆、薏米、桂圆这三种养生食材也能拌沙拉，这属于中西合璧的创意吃法。红豆养血，薏米美白祛湿，桂圆养心安神，简直就是爱美女生的专属沙拉。

省点事儿

* 把红豆和薏米混在一起煮的好处是节省时间和能源，但薏米容易被红豆染色，不过绝对不影响味道和营养哦。

做　法：

1　红豆薏米洗净，提前用冷水浸泡一晚。
2　浸泡好的红豆薏米一起放入水中煮熟。
3　捞出煮好的红豆薏米沥干待用。
4　干桂圆用水泡软，洗净待用。
5　黄瓜洗净切成三角形小块。
6　所有食物放入碗中，撒上松子仁，淋入大拌菜沙拉汁拌匀即可。

魔芋豆腐丝沙拉

分类 ★ 豆类

* 有腔调：我的梦想是做一个"吃不胖"的人，现实却只能做一个"会吃不胖"的人，一字之差的背后需要好多好多克制和努力。

✿ Vegetarian

爱健康

烹饪时间：10 分钟
总卡路里：360 千卡

三大营养素供能占比

碳水化合物 12% 　蛋白质 28% 　脂肪 60%

食材：

豆腐皮 100g
魔芋丝结 100g
紫叶生菜 50g
罗马生菜 50g

酱汁：

青酱沙拉酱 40g

做法：

1. 豆腐皮用水清洗干净。
2. 捞出豆腐皮用刀切成细丝。
3. 豆腐丝放入沸水中焯熟，大约 30 秒~1 分钟即可，捞出沥干。
4. 魔芋丝结焯水断生，大约 1 分钟。
5. 捞出魔芋丝结沥干，放凉待用。
6. 罗马生菜用水洗净，沥干后撕成小块。
7. 紫叶生菜用水洗净，沥干后也撕成小块。
8. 所有食物摆入盘中，淋入青酱沙拉酱即可。

很有料

* 魔芋和豆腐丝的搭配超级低热量，尤其是魔芋丝 100g 才 12 千卡，绝对是降脂降糖、减肥健美的好食材。

省点事儿

* 这种拌沙拉的豆腐皮为了和油豆皮区分也叫干豆腐皮，有些地区叫干张。凉拌时先焯水可以去除豆腥味，也可起到杀菌的作用。

青酱鹰嘴豆泥沙拉

* 有腔调：带有栗子香味的鹰嘴豆充满着浓浓的异域风味。

 Vegetarian

分类
*
豆类

爱 健 康
烹饪时间：15 分钟
总卡路里：406 千卡
三大营养素供能占比
碳水化合物 59%　蛋白质 13%　脂肪 28%

食材：

罐头鹰嘴豆 100g
酸黄瓜 30g
胡萝卜 40g
黄瓜 50g
大米锅巴 40g
柠檬半个
水 适量

酱汁：

青酱沙拉酱 30g

做法：

1. 从罐头中取出鹰嘴豆，用筛子过滤掉多余的水分。柠檬、酸黄瓜、青酱沙拉酱准备好。
2. 把鹰嘴豆、酸黄瓜、青酱沙拉酱倒入搅拌机中，挤入一些柠檬汁。
3. 搅拌时加适量的水，让鹰嘴豆能搅打成泥。
4. 黄瓜和胡萝卜洗净，分别切成长条。
5. 鹰嘴豆泥装盘，搭配蔬菜条和大米锅巴即可。

很 有 料

* 青酱鹰嘴豆泥的热量不低，搭配蘸食的蔬菜尽量选择低卡食物，大米锅巴最好选择非油炸的。

省 点 事 儿

* 鹰嘴豆泥一般会加橄榄油来调节浓度，这道沙拉因为用了 30g 青酱，考虑青酱制作中添加了不少橄榄油，为降低油脂摄入而改成加水调节浓度。

薯类
＋

主题食材
—
红薯

白薯

紫薯

山药

芋头

甜菜根

牛油果虾仁薯片沙拉

分类 * 薯类

*有腔调：无须餐具即可轻松享用的美味，更随意也更惬意。

爱健康
烹饪时间：10 分钟
总卡路里：450 千卡

三大营养素供能占比
- 碳水化合物 19%
- 蛋白质 13%
- 脂肪 68%

食材：

牛油果半个（约 60g）
甜椒 60g
虾仁 120g
薯片 30g

酱汁：

柠檬蛋黄酱 25g

做法：

1. 用刀把牛油果对半切开。
2. 剥去牛油果的果皮，取出果肉用刀切成小块。
3. 甜椒洗净并切成丁。
4. 虾仁去除背部虾线，洗净待用。
5. 水中加少许盐，水沸后放入虾仁焯熟，大约焯 1~2 分钟，捞出沥干。
6. 虾仁、牛油果块、甜椒丁放入碗中加柠檬蛋黄酱拌匀。
7. 拌好的沙拉放在薯片上搭配吃。

很有料

*薯片是高油脂高热量的食物不宜多吃，但偶尔和蔬菜、水果搭配食用也是解馋的好方法。

省点事儿

*虾线是指虾背部一条黑色或无色的线，它是虾的消化道，清理掉可以让虾仁口感更好。即使是超市买的冷冻虾仁也可能没去除虾线，清洗时要仔细观察一下。

紫薯水果酸奶沙拉

* 有腔调：夏天来一份美味高颜值沙拉才是王道，放弃沙拉酱选择原味酸奶，这么有心计，想不瘦都难。

Vegetarian

分类
*
薯类

爱健康
烹饪时间：25 分钟
总卡路里：506 千卡
三大营养素供能占比
碳水化合物 53%　蛋白质 11%　脂肪 36%

食材：

小紫薯 150g

桑葚 60g

奇异果半个（约60g）

樱桃番茄 60g

碧根果仁 20g

原味酸奶 200g

1	2	3
4	5	6	7

做法：

1. 小紫薯洗净，带皮入笼屉蒸熟，大约蒸 15~20 分钟。
2. 蒸熟的紫薯晾凉后剥去外皮，用刀切成小正方块。
3. 桑葚和樱桃番茄用水浸泡一会，再用流水冲洗干净，沥干待用。
4. 樱桃番茄用刀切成两半。
5. 奇异果去皮后取半个切成小块。
6. 取出原味酸奶倒入盘中。
7. 上面摆放紫薯、樱桃番茄、奇异果、桑葚，撒上碧根果仁，搅拌均匀即可。

省点事儿

* 原味酸奶完全可以代替沙拉酱，适合与水果或较干爽的薯类搭配。

很有料

* 紫薯除了具有普通红薯的营养成分，还富含花青素和硒元素，有一定抗氧化、清除体内自由基的作用。

金枪鱼土豆泥沙拉

分类 * 薯类

* 有腔调：小时候吃到的第一份沙拉就是土豆沙拉，以至于很长一段时间都觉得带蔬菜的沙拉不正宗。

爱健康

烹饪时间：30 分钟
总卡路里：427 千卡

三大营养素供能占比

碳水化合物 44%　蛋白质 20%　脂肪 36%

食材：

土豆 1 个（220g）
水浸金枪鱼 60g
胡萝卜 30g
黄瓜 30g
玉米粒 50g

酱汁：

千岛酱 20g

很有料

* 土豆泥与蔬菜、鱼肉充分混合在一起，绵软的口感很受小朋友喜欢，水浸金枪鱼罐头比油浸的热量低，作为主食饱餐一顿完全没负担。

省点事儿

* 不需要压土豆泥的工具，一把叉子就能完成。选择淀粉含量高的土豆有绵绵沙沙的口感，如果是大块的土豆先切成小块再压就容易多了。

做法：

1. 土豆洗净去皮切成小丁。
2. 土豆丁放入沸水中煮熟，大约煮 8~10 分钟。
3. 煮熟的土豆用叉子压成土豆泥。
4. 胡萝卜和黄瓜洗净切成小丁。
5. 玉米粒用水焯熟，捞出沥干。
6. 从罐头中取出金枪鱼肉。
7. 所有食材放入碗中。
8. 淋入千岛酱搅拌均匀即可。

综合干果烤南瓜沙拉

分类 * 薯类

有腔调：一个人好好吃饭，一个人吃好吃的沙拉，放了许多蔬菜和喜欢的干果，用一盘子的丰盛感动了自己。

Vegetarian

爱健康
烹饪时间：35 分钟
总卡路里：467 千卡

三大营养素供能占比
碳水化合物 30%　蛋白质 12%　脂肪 58%

食材：

小南瓜 220g
综合干果 50g
奶油生菜 120g
橄榄油 1 勺（约 10g）
海盐 适量
黑胡椒碎 适量

酱汁：

颗粒芥末酱 40g

做法：

1. 混合蔓越莓干、蓝莓干等各种综合干果。
2. 用刀把综合干果切碎。
3. 小南瓜洗净切成薄片放入烤盘中。
4. 南瓜片上淋些橄榄油，均匀撒上一半综合干果，再撒适量海盐和黑胡椒碎。
5. 烤箱 200℃ 提前预热，放中层烤 20~30 分钟，取出放凉。
6. 奶油生菜沥干洗净后撕成小块。
7. 生菜放入盘中先淋些颗粒芥末酱。
8. 烤南瓜放在生菜上，撒上剩余的综合干果，淋入剩余的沙拉酱即可。

很有料

* 坚果和南瓜的搭配很美妙，南瓜软糯、坚果香脆，营养价值上也非常互补。

省点事儿

* 南瓜皮的营养比南瓜肉高，小南瓜如果比较嫩建议不要去皮，带皮吃省事儿又健康。

红薯片油菜花沙拉

分类
＊
薯类

爱健康
烹饪时间：10 分钟
总卡路里：484 千卡

三大营养素供能占比
碳水化合物 43%　蛋白质 7%　脂肪 50%

＊有腔调：有些食材过季不候，春天的油菜花可赏可食，盘中的沙拉仿佛带你置身花丛中，坐在餐厅里拥抱整个春天。

Vegetarian

食 材：

油菜花 200g
红薯 150g
松子仁 20g
橄榄油 1 勺（约 10g）
黑胡椒碎 适量
盐 适量

酱 汁：

姜香沙拉汁 40g

做 法：

1. 油菜花择去根部，用水冲洗干净。
2. 水中加少量盐，水沸放油菜花焯熟，约焯 1~2 分钟。
3. 捞出油菜花过冷水，并沥干待用。
4. 红薯洗净刨去外皮。
5. 用削皮器将红薯刨成大片。
6. 红薯片上淋些橄榄油，撒上黑胡椒碎，烤箱 180℃提前预热，放入中层烤 15 分钟。
7. 取出红薯片撒上松子仁，再入烤箱烤 5 分钟左右。
8. 将所有食物放入盘中，淋入姜香沙拉汁即可。

很 有 料

＊油菜花有活血化瘀、解毒消肿的功效。赏花的好季节别忘了尝尝爽口鲜美、娇嫩欲滴的油菜花沙拉。

省 点 事 儿

＊红薯很硬不好切薄片，用一个干净的削皮器就能轻松刨出薄薄的大薯片。

牛油果纳豆山药泥沙拉

* 有腔调：有一句很扎心的话：不能掌控自己三餐的人如何掌控未来？

 Vegetarian

分类
*
薯类

爱健康
烹饪时间：20分钟
总卡路里：325千卡
三大营养素供能占比

碳水化合物 44% | 蛋白质 15% | 脂肪 41%

食材：
山药 180g
牛油果半个（60g）
纳豆 1盒（50克）

酱汁：
姜香沙拉汁 25g

做法：
1 山药洗净去皮，切成段放入蒸锅，水沸后蒸 15 分钟左右。
2 蒸好的山药放凉再切成小块。
3 用棒槌把山药捣成泥状。
4 牛油果去皮取出果肉，用刀切成块状。
5 纳豆提前解冻，加入自带的酱油和芥末搅拌至拉丝。
6 山药、纳豆、牛油果全部放入碗中。
7 淋入姜香沙拉汁搅拌均匀即可。

很有料

* 山药是人类最早食用的植物之一，它的黏液主要成分是甘露聚糖和黏蛋白，黏蛋白能帮助提高机体抵抗力，延缓细胞衰老。吃山药饱腹感较好，还能补气养胃。

省点事儿

* 山药清洗去皮时最好用流动的水冲洗，可以防止手痒，也可以保护山药不会氧化变色。

奶香蔓越莓红薯泥沙拉

分类 ＊ 薯类

*有腔调：1699 年出版的一本沙拉食谱中写道："那些以药草和植物根部为食的人有着惊人的高寿，以及始终如一的健康和活力。"

爱健康
烹饪时间：30 分钟
总卡路里：458 千卡
三大营养素供能占比
碳水化合物 66%　蛋白质 6%　脂肪 28%

❋ Vegetarian

食材：
速冻什锦蔬菜粒（胡萝卜、玉米粒、青豆）100g
红薯 125g
蔓越莓干 50g
牛奶 适量

酱汁：
柠檬蛋黄酱 25g

很有料

*蔓越莓鲜果很有营养，但新鲜果实口感酸涩不好吃，所以经常加工成蔓越莓干。蜜饯类含有较高的糖分，注意不要摄取过多。

做法：

1. 什锦蔬菜粒放入锅中焯熟，大约焯 1~2 分钟。
2. 捞出什锦蔬菜沥干放凉。
3. 红薯洗净带皮放入蒸锅，水开后蒸 15~20 分钟。
4. 蒸熟的红薯放凉、剥去外皮，加入适量牛奶压成红薯泥。
5. 红薯泥中加入什锦蔬菜和蔓越莓干。
6. 淋入柠檬蛋黄酱搅拌均匀即可。

省点事儿

*压红薯泥最好用的是叉子，没有之一。

俄式土豆沙拉

分类
*
薯类

* 有腔调：用爱心亲手调制的食物充满能量，不但特别诱人而且格外可口

爱健康

烹饪时间：10 分钟
总卡路里：486 千卡

三大营养素供能占比

| 碳水化合物 37% | 蛋白质 17% | 脂肪 46% |

食材：

土豆 200g

鸡蛋 1 个（约 55g）

火腿片 80g

酸黄瓜 60g

酱汁：

柠檬蛋黄酱 25g

做法：

1. 土豆洗净，用削皮器刨去外皮。
2. 土豆切成小丁放沸水中煮熟，大约煮 8~10 分钟。
3. 煮熟的土豆捞出，沥干待用。
4. 火腿片用刀切成小块。
5. 煮一个全熟蛋，剥皮后切成小块。
6. 酸黄瓜切成小丁。
7. 所有食物放入碗中，加入柠檬蛋黄酱。
8. 充分搅拌均匀即可。

很有料

* 酸黄瓜清凉爽口，有解油腻、助消化的作用。

省点事儿

* 鸡蛋可以切的尽量碎一点，碎蛋黄和土豆融合在一起口感更香浓。

芋艿蔬菜沙拉

分类 * 薯类

* 有腔调：想吃一份无肉的素食沙拉，也想和世界温柔相处。

 Vegetarian

爱健康

烹饪时间：35 分钟
总卡路里：420 千卡

三大营养素供能占比

碳水化合物 51%　蛋白质 13%　脂肪 36%

食材：

芋艿 240g
西蓝花 150g
彩椒 80g

酱汁：

千岛酱 25g

做法：

1. 芋艿用水反复冲洗，用刷子刷净外皮。
2. 芋艿带皮蒸熟，用筷子试试能轻松戳透说明芋艿已经熟了。
3. 芋艿放凉剥去外皮。
4. 西蓝花洗净掰成小块，用水焯熟，大约焯 2~3 分钟。
5. 捞出西蓝花过冷水降温，再沥干放凉。
6. 彩椒洗净拭干表面水分，用刀切成细条。
7. 所有食物放入碗中淋入千岛酱。
8. 搅拌均匀即可。

很有料

* 芋艿含有大量的淀粉、矿物质和维生素，既是蔬菜，又是粮食。

省点事儿

* 带皮蒸芋艿味道和营养不易流失，蒸熟后冷水浸泡快速降温，再用手直接撕去外皮就很容易了。

三色菜根沙拉

分类 * 薯类

* 有腔调：有时正准备做沙拉的食材，就被眼前缤纷多彩的颜色取悦了。我爱吃沙拉，更爱和食材相处的过程。

 Vegetarian

爱健康

烹饪时间：35 分钟
总卡路里：590 千卡

三大营养素供能占比

碳水化合物 55%　蛋白质 5%　脂肪 40%

省点事儿

* 菜根的搭配可以按自己的喜好调整，除了以上三种以外，山药、芋艿也是不错的选择。

| 1 | 2 | 3 | 4 | 5 |

| 6 | 7 |

很有料

* 甜菜根富含糖分、矿物质和多种维生素。因为含有维生素 B_{12} 和优质铁质，甜菜根也是补血的天然营养食品。

食材：

红薯 120g
胡萝卜 100g
甜菜根 100g
蓝莓干 25g
碧根果仁 15g
橄榄油 1 勺（约 10g）
黑胡椒碎 适量
香菜 适量

酱汁：

意大利香草汁 40g

做法：

1 红薯洗净去皮切成粗条状。
2 胡萝卜洗净去皮切成粗条状。
3 甜菜根洗净去皮切成粗条状。
4 三种菜根放入碗中加入橄榄油和黑胡椒碎拌匀。
5 烤箱 210℃ 提前预热，菜根放入中层烤到蔬菜熟透，大约烤 20~25 分钟。
6 烤好的菜根放凉，撒上香菜，淋入意大利香草汁。
7 最后撒上碧根果仁和蓝莓干即可。

水果 +

主题食材

—

水果 + 主食的特殊风味沙拉

橘子鸡肉藜麦沙拉

分类 * 水果

* 有腔调：健身爱好者多半是个沙拉高手。人们用"三分练、七分吃"总结成功的健身经验。低脂、高蛋白的减脂增肌餐绝对首选沙拉。

爱健康

烹饪时间：25 分钟
总卡路里：515 千卡

三大营养素供能占比

碳水化合物 52%　蛋白质 19%　脂肪 29%

食材：

藜麦（干）60g
鸡胸肉 60g
丑橘肉 100g
芹菜 60g
腰果 10g
葱姜 适量
料酒 适量

酱汁：

日式和风汁 40g

做法：

1. 藜麦用清水冲洗干净，不用提前浸泡。
2. 藜麦放入沸水中煮 10~15 分钟，捞出沥干。
3. 锅中加水，放入葱姜、料酒，鸡胸肉冷水下锅，水开后煮 8~10 分钟。
4. 鸡胸肉煮熟捞出，放凉后用手撕成小块。
5. 择掉芹菜叶，留芹菜茎洗净焯水，约焯 1~2 分钟。
6. 捞出芹菜过冷水，用厨房纸巾吸干表面水分，再用刀切成小丁。
7. 丑橘剥皮取出橘子肉。
8. 将所有食物放入碗中，淋入日式和风汁，撒上腰果即可。

省点事儿

* 吃完丑橘剩下又厚又丑的皮也不要浪费，放在冰箱里可以吸味除臭。

很有料

* 这是一道营养非常均衡的沙拉，碳水化合物、蛋白质、脂肪的供能比例完全符合膳食指南建议，添加了橘肉后果味清新，还有生津止渴、化痰理气的功效。

贝壳面水果沙拉

* 有腔调：面对窗外的阴雨或雾霾不甘心，不想虚度假日的美好时光，用热情的水果和带有海洋气息的意面做道沙拉，像模像样地摆在桌上，瞬间觉得自己是个认真生活的好姑娘。

 Vegetarian

分类 * 水果

爱健康
烹饪时间：20 分钟
总卡路里：434 千卡

三大营养素供能占比

碳水化合物 78%　蛋白质 10%　脂肪 12%

食材：

贝壳意面（干）60g
草莓 150g
苹果 100g
蓝莓 100g
橄榄油 适量
盐 适量

酱汁：

酸奶沙拉酱 50g

做法：

1 水中放少许盐，水烧开放入意大利面，按意面包装上建议时间煮熟。
2 捞出煮好的意大利面，拌少许橄榄油待用。
3 苹果、草莓、蓝莓用水浸泡并清洗干净。
4 洗好的水果沥干水分，苹果切小片，草莓一切为二。
5 将意面、苹果、草莓、蓝莓放入碗中，淋入酸奶沙拉酱拌匀即可。

省点事儿

* 苹果皮的营养很丰富尽量不要丢弃，洗苹果时用少量盐搓洗苹果表面再用水冲洗，可以把苹果洗得更干净。

很有料

* 黑色的蓝莓含有大量花青素，花青素可以有效保护眼睛，它还是天然的阳光遮盖物，能够阻止紫外线侵害皮肤。

面包薯泥香蕉沙拉

分类 * 水果

* 有腔调，嫌吃饭的方式太单调，带上地垫和面包薯泥香蕉沙拉去公园野餐，躺在草地上仰望夏日蔚蓝色的天空，不要浪费了食物和时光的美好。

爱健康
烹饪时间：30 分钟
总卡路里：587 千卡

三大营养素供能占比
碳水化合物 54%　蛋白质 8%　脂肪 38%

🌿 Vegetarian

食材：
红薯 150g
全麦面包 2 片（约 60g）
香蕉 50g
巴旦木仁 20g

酱汁：
柠檬蛋黄酱 25g

很有料
* 丰富的碳水化合物和脂肪让饱腹感很强，600 千卡的热量足够满足几个小时的户外运动所需。

做法：
1. 红薯洗净切开两半，带皮上蒸锅蒸熟。
2. 放凉的红薯去皮放入碗中，用勺子压成红薯泥。
3. 红薯泥中加入柠檬蛋黄酱搅拌均匀。
4. 香蕉剥皮切成片状。
5. 红薯泥沙拉酱涂抹在全麦面包片上。
6. 香蕉片覆盖在红薯泥上，均匀撒上巴旦木仁碎即可。

省点事儿
* 不同红薯的含水量不同，如果红薯太干加些牛奶调和，不要用增加沙拉酱的方法，蛋黄酱热量太高须严格控制摄入量。

柚子虾仁蛋饼沙拉

分类 * 水果

* 有腔调：孩子们喜欢柚子的清香，水果多汁清甜不用太多调味，果味沙拉更贴近自然也更适合小朋友的胃口。

爱健康
烹饪时间：20 分钟
总卡路里：495 千卡

三大营养素供能占比
碳水化合物 33%　蛋白质 24%　脂肪 43%

食材：

红柚肉 150g
虾仁 120g
鸡蛋 2 个（100g）
蔓越莓干 25g
橄榄油 1 勺（10g）
生菜 80g
葱花 适量
盐 适量

酱汁：

日式和风汁 20g

做法：

1. 柚子去皮剥出柚子肉待用。
2. 生菜用水清洗干净，沥干水分待用。
3. 虾仁洗净并去除虾线，水中加少许盐，水沸后放入虾仁焯熟，大约焯 1~2 分钟。
4. 鸡蛋打入碗中，加入葱花和盐搅打成鸡蛋液。
5. 煎锅烧热淋入橄榄油。
6. 油热后倒入鸡蛋液，煎成两面金黄的蛋饼。
7. 柚子肉、虾仁、蔓越莓干放入碗中，淋入日式和风汁拌匀。
8. 蛋饼上放生菜和拌好的柚子虾仁蔓越莓干沙拉。
9. 将蛋饼从一端卷起，再切成小段即可。

很有料

* 红柚既有白柚的营养，又有独特的天然色素，能为人体提供有益的微量元素。红柚含有天然矿物质钾，却几乎不含钠，是心脑血管病及肾病患者可以放心食用的保健水果。

省点事儿

* 用剥柚子剩下的白筋洗碗，不用洗洁精就能洗得很干净，因为它有很强的吸附能力和去油污能力。

水果麦碗

分类 * 水果

* 有腔调：夏天的好时光离不开各式各样的水果，没有食欲的午后用一碗水果沙拉唤醒自己的肠胃，还能顺便收获水润肌肤与好身材呢。

 Vegetarian

爱健康

有腔调：15 分钟
总卡路里：505 千卡

三大营养素供能占比

碳水化合物 73%　蛋白质 10%　脂肪 17%

1 　2 　3 　4 　5

6 　7 　8 　9

食材：

墨西哥卷饼 1 张
樱桃番茄 100g
香蕉 60g
火龙果 80g
黑葡萄 60g

酱汁：

原味酸奶 200ml

做法：

1. 取一个可以入烤箱的大碗，把墨西哥卷饼放入碗中，让饼的褶皱均匀分布。
2. 将饼放入烤箱烘烤定型，烤箱 150℃提前预热 5 分钟左右。
3. 定型好的饼立即取出放在盘中放凉。
4. 黑葡萄洗净沥干水分。
5. 香蕉去皮切成片。
6. 樱桃番茄洗净用刀一切两半。
7. 火龙果去皮切成小块。
8. 将所有水果放入麦碗中。
9. 淋入酸奶搅拌均匀即可。

很有料

* 丰富的水果和酸奶能提供维生素和钙质，选择原味酸奶少添加剂更健康，墨西哥卷饼做成的餐具让沙拉变成可爱的主食。

省点事儿

* 盛水果的碗既是餐具也是食物，要全部吃光哦！

牛油果酱沙拉

* 有腔调：不了解牛油果的人可能觉得它又贵又难吃，那你要试试加过海盐和黑胡椒的牛油果泥，可能会改变你的看法。甚至爱上这种水果。这种吃法也是墨西哥人最喜欢的。

 Vegetarian

分类
*
水果

爱 健 康

烹饪时间：10 分钟
总卡路里：493 千卡

三大营养素供能占比

碳水化合物 36%　蛋白质 5%　脂肪 59%

食材：

牛油果 120g
玉米片 40g
草莓 150g
黑胡椒碎 适量
柠檬汁 适量

酱汁：

芝麻沙拉酱 20g

做法：

1 用刀把牛油果对半切开。
2 剥去牛油果果皮，取出果肉用刀切成小块。
3 牛油果放入碗中淋入芝麻沙拉酱，加少许黑胡椒碎和柠檬汁。
4 用勺子把牛油果肉压成果泥。
5 牛油果泥装盘，搭配玉米片和草莓食用。

省 点 事 儿

* 牛油果肉容易被氧化变色，可以加点柠檬汁用柠檬酸的天然抗氧化性保持果肉的色泽。

很 有 料

* 玉米片让人有吃起来很健康的错觉，其实在加工过程中为追求玉米片酥脆的口感添加了很多油脂，实际上它的热量很高，建议搭配水果适量食用。

菠萝油条虾仁沙拉

分类 * 水果

爱健康
烹饪时间：10 分钟
总卡路里：510 千卡

三大营养素供能占比
碳水化合物 38%　蛋白质 14%　脂肪 48%

* 有腔调：不要辜负夏天那么多新鲜的水果，于是各种搭配尝试，早餐剩下的油条和虾仁，菠萝一起来了个华丽转身。

食材：
菠萝 135g　　虾仁 120g
油条 1 根（70g）

酱汁：
柠檬蛋黄酱 25g

很有料

* 虾仁口感紧实，油条香脆，菠萝的酸甜可以中和油腻感，这是一款适合大众口味，基本上失败率为零的明星沙拉。

做法：

1. 虾仁去掉背部虾线并清洗干净。
2. 虾仁放入沸水中焯熟，约 1~2 分钟。
3. 捞出虾仁沥干待用。
4. 油条用刀切成小段。
5. 菠萝去皮，切成小块，用淡盐水浸泡一会儿再捞出沥干。
6. 虾仁、菠萝块和油条放入碗中，淋入柠檬蛋黄酱拌匀即可。

省点事儿

* 菠萝削皮挺麻烦，如果用凤梨代替就方便多了，不用去内刺、不用泡盐水。

芒果虾仁意面沙拉

分类 * 水果

爱健康

有腔调：25 分钟
总卡路里：553 千卡

三大营养素供能占比
碳水化合物 62%　蛋白质 21%　脂肪 17%

* 有腔调：从海边度假回来的小朋友喜欢上芒果和虾仁的热带风情，看他们吃得心满意足我充满了成就感。照顾好家人是重要事件清单上的 TOP1。

食材：

空心意面 80g
芒果 150g
虾仁 140g
罐头青豆 60g
樱桃番茄 100g（约 6 颗）
黑胡椒碎 适量
盐 适量
橄榄油 适量

酱汁：

油醋汁 25g

做法：

1. 水中放少许盐，水烧开放入空心意面，按空心意面包装上建议时间煮熟。
2. 捞出煮好的意面，拌少许橄榄油待用。
3. 虾仁去掉背部虾线并清洗干净，放入沸水中焯熟，约 1~2 分钟。
4. 芒果从顶部沿果核切开，在果肉上切十字花刀，翻开切下果肉。
5. 从罐头中取出青豆用筛子沥干水分。
6. 樱桃番茄洗净后用刀切成四瓣。
7. 所有食物放入碗中撒上黑胡椒碎，淋入油醋汁拌匀即可。

省点事儿

* 芒果建议选用刚刚熟的，不要太软，否则会影响沙拉的颜值。

很有料

* 芒果的维生素 A、维生素 C 含量较高，因为口感柔软味道香甜很受小朋友喜欢。芒果虾仁的搭配营养价值高，虾肉是高品质的蛋白质来源。

苹果红肠土豆沙拉

分类 * 水果

* 有腔调：东北土豆、秋林红肠、青绿的国光苹果是小时候的美味记忆，现在无论怎么努力都做不出姥姥家里的味道。所以我猜味道是因为回忆变美丽了。

爱健康

烹饪时间：25 分钟
总卡路里：586 千卡

三大营养素供能占比

碳水化合物 30%　蛋白质 15%　脂肪 55%

食 材：

红肠 80g
土豆 120g
苹果 80g
鸡蛋 1 个

酱 汁：

柠檬蛋黄酱 25g

做 法：

1. 土豆用水洗净，用削皮刀削去外皮。
2. 用刀将土豆切成小丁，入沸水中煮熟，大约煮 8~10 分钟。
3. 捞出煮熟的土豆沥干待用。
4. 鸡蛋煮至全熟，放凉后剥皮切成小块。
5. 红肠切成小丁待用。
6. 苹果洗净去皮切成丁。
7. 所有食物放入碗中。
8. 淋入柠檬蛋黄酱搅拌均匀即可。

很 有 料

* 土豆作为低脂肪的食材，和红肠搭配互补性较强，苹果增添了维生素和膳食纤维等营养素的摄入。

省 点 事 儿

* 苹果用盐仔细搓洗后可带皮切丁。

脆麦条水果沙拉

* 有腔调：某个周末仅用5分钟就能为家人准备出漂亮健康的早餐，省下时间来开个充满仪式感的家庭会议，一边吃饭一边听音乐，或者分享有趣的事情。

 Vegetarian

分类 * 水果

爱 健 康
烹饪时间：5 分钟
总卡路里：510 千卡

三大营养素供能占比

碳水化合物 52% | 蛋白质 14% | 脂肪 34%

食材
全麦条 100g
草莓 130g
香蕉 65g
黄瓜 60g

酱汁
千岛酱 25g

做法
1 香蕉去皮用刀切成小段。
2 黄瓜用清水洗净，用厨房纸巾吸去表面水分，再切成薄片。
3 草莓用水浸泡一会，清洗沥干。
4 草莓切成片状待用。
5 香蕉、黄瓜、草莓放入碗中，加入全麦条，淋入千岛酱即可。

省 点 事 儿

* 全麦条很适合在需要节约时间的早餐食用，搭配水果、牛奶就是一份完美早餐。

很 有 料

* 全麦即食谷物能提供更多膳食纤维。

温沙拉 +

温食沙拉,满足不太接受冷食的中国胃

古斯米烤南瓜沙拉

分类 * 温沙拉

* 有腔调：当饮食不再是果腹之需，美感就成了不可或缺的元素。

 Vegetarian

爱健康
烹饪时间：30 分钟
总卡路里：540 千卡

三大营养素供能占比
碳水化合物 52%　蛋白质 9%　脂肪 39%

食材：

南瓜 150g
西红柿 100g
古斯米 50g
香菜 10g
橄榄油 1~2 勺（10~20g）
开心果仁 10g
葡萄干 20g
热水 适量
香草碎 适量

酱汁：

凯撒酱 25g

做法：

1. 南瓜洗净切成薄片。
2. 西红柿洗净去蒂，切成瓣。
3. 南瓜片放入烤盘中淋入橄榄油，撒上香草碎。
4. 烤箱 200℃提前预热，烤盘放中层烤 15 分钟。
5. 取出烤盘放入西红柿再烤 10~15 分钟。
6. 古斯米中加入 1~1.5 倍的热水浸泡，大约 3~5 分钟待水分完全被吸收，用勺子搅拌至米粒松散。
7. 香菜洗净沥干，切成香菜碎。
8. 南瓜和西红柿放在古斯米上，撒上香菜、葡萄干和开心果仁，淋入凯撒酱即可。

很有料

* 谷物、薯类、干果均衡搭配，经过烤制的番茄汁水更饱满，风味更独特。

省点事儿

* 南瓜和西红柿同烤可以节约时间。

烤花椰菜温沙拉

分类 * 温沙拉

* 有腔调：健康食物带来的满足感让内心无比踏实和美好。

 Vegetarian

爱 健 康

烹饪时间：40 分钟
总卡路里：499 千卡

三大营养素供能占比

| 碳水化合物 46% | 蛋白质 19% | 脂肪 35% |

食材：

花椰菜 150g
鹰嘴豆（干）80g
樱桃番茄 100g
橄榄油 1勺（约 10g）
黑胡椒碎 适量
海盐 适量

酱汁：

颗粒芥末酱 35g

做法：

1. 鹰嘴豆提前浸泡一夜（8小时以上）。
2. 水中加盐，水沸放入鹰嘴豆煮15分钟，捞出并沥干。
3. 花椰菜洗净撕成小块。
4. 樱桃番茄洗净，用刀切成两半。
5. 花椰菜和鹰嘴豆放入烤盘中，淋些橄榄油、撒上黑胡椒碎和海盐。
6. 烤箱 200℃ 提前预热，烤盘放中层烤 20~25 分钟。
7. 放入樱桃番茄，淋入颗粒芥末酱即可。

很有料

* 花椰菜富含膳食纤维，热量较低，对希望减肥的人来说十分合适，它可以填饱肚子，且不用担心变胖。

省点事儿

* 花椰菜表面凸凹不平难清洗，先用手掰成小块放淡盐水中浸泡 10 分钟，可以有效去除农药，如果菜里有菜虫，通过浸泡菜虫自己也会跑出来。

莳萝海鲜芦笋温沙拉

分类
*
温沙拉

* 有腔调：与其等待生活改善的机会来临，不如主动改变饮食、作息、思考方式。现在努力付出，未来就能有所收获。

 Vegetarian

爱健康

烹饪时间：40 分钟
总卡路里：477 千卡

三大营养素供能占比

碳水化合物 8%　蛋白质 24%　脂肪 68%

食材：

大马哈鱼 60g
虾仁 120g
芦笋 150g
莳萝 50g
橄榄油 2 勺（20g）
葱姜 适量
料酒 适量

酱汁：

意大利香草汁 40g

做法：

1. 大马哈鱼片提前解冻并清洗干净。
2. 虾仁洗净去掉虾线。
3. 大马哈鱼和虾仁放入碗中，加料酒、葱姜腌制 10 分钟。
4. 莳萝去掉根部，用清水浸泡并洗净沥干。
5. 莳萝和腌好的海鲜一起混合，淋入橄榄油拌匀。
6. 莳萝海鲜放入烤盘，烤箱 200℃ 提前预热，中层烤 20 分钟。
7. 芦笋切掉根部洗净，切成小段放进沸水中焯熟，大约 2~4 分钟即可，捞出沥干水分。
8. 取出烤好的莳萝海鲜和芦笋一起装盘，淋入意大利香草汁即可。

很有料

* 大马哈鱼和三文鱼都属于鲑鱼科，肉质细腻特别鲜美。大马哈鱼子也是美味之物，色红、颗粒饱满多汁，晶莹剔透如珍珠，被称为"红珍珠"或"红鱼子"。

省点事儿

* 大马哈鱼适合煎或烤，外焦里嫩，香酥可口。

豆角红肠古斯米沙拉

*有腔调：生活不在远方，就在眼前；幸福不在彼岸，而在当下。

分类
*
温沙拉

爱 健 康

烹饪时间：15 分钟
总卡路里：468 千卡

三大营养素供能占比
碳水化合物 42%　蛋白质 18%　脂肪 40%

食 材：

红肠 80g
四季豆 150
古斯米（干）40g

酱 汁：

日式和风汁 25g

做法：

1. 将四季豆两头的豆筋摘除，用水洗净。
2. 用手将四季豆掰成小段。
3. 将四季豆放入沸水中焯熟，焯 5 分钟左右，然后捞出。
4. 红肠用刀切成圆片状。
5. 古斯米中加 1.5~2 倍的热水，泡 5 分钟待充分吸水，用勺子搅散待用。
6. 将所有食材放入碗中，淋入日式和风汁搅拌均匀即可。

省点事儿

*四季豆一定要充分煮熟，食用没有熟透的四季豆容易中毒。

很有料

*夏天食用四季豆可消暑，健脾胃。中医认为四季豆性平味甘，有益气健脾、消暑化湿的功效。

烤西葫芦沙拉

分类 * 温沙拉

* 有腔调：理性和自律的自实现需求是居于咀嚼快感和饱腹感之上的高级欲望，是为了让身体获得良好状态的关键途径。

爱健康
烹饪时间：10 分钟
总卡路里：506 千卡
三大营养素供能占比
碳水化合物 54%　蛋白质 14%　脂肪 32%

食材：

西葫芦 120g　　玉米片 50g
西蓝花 100g　　橄榄油 1 勺（约 10g）
火腿片 60g　　　黑胡椒碎 适量

酱汁：

蜂蜜芥末酱 30g

1
2
3
4
5
6

很有料

* 西葫芦含有多种维生素，能补充肌肤养分改善肤色；丰富的纤维素能加快肠胃蠕动，促进新陈代谢。

做法：

1. 西葫芦洗净不用去皮，用削皮刀刨成大片。
2. 西蓝花洗净掰成小块，用水焯熟，大约 2~3 分钟，捞出沥干水分。
3. 火腿片用刀切成小块待用。
4. 将西葫芦、西蓝花、火腿，放入碗中，淋入橄榄油和黑胡椒碎拌匀。
5. 拌好的沙拉菜放入烤盘中，烤箱 200℃提前预热，放入中层烤 15~20 分钟。
6. 取出烤好的沙拉，撒上玉米片，淋入蜂蜜芥末酱即可。

省点事儿

* 嫩西葫芦不用去籽，选择西葫芦时看颜色，颜色越绿越嫩，发白的则比较老。

烤茄子年糕卷沙拉

分类 * 温沙拉

* 有腔调："任何一位有着一双巧手的女士都不会将一顿晚餐中最吸引人的部分拱手相让。"历史悠久的美食畅销书《What to Do and What Not to Do in Cooking》中这样描写沙拉的重要性。

爱健康
烹饪时间：30 分钟
总卡路里：502 千卡
三大营养素供能占比
碳水化合物 39%　蛋白质 8%　脂肪 53%

✻ Vegetarian

食材：

茄子 70g
年糕 100g
芦笋 60g
巴旦木仁 20g
橄榄油 1 勺（约 10g）
黑胡椒碎 适量

酱汁：

油醋汁 20g

做法：

1. 茄子洗净，用厨房纸巾擦干表面水分。
2. 用削皮刀将茄子刨成大片。
3. 芦笋切掉根部洗净，切成小段放进沸水中焯熟，大约 2~4 分钟，捞出沥干水分。
4. 用茄子片卷起芦笋和年糕。
5. 卷好的茄子卷放入烤盘中。
6. 在茄子卷上撒些黑胡椒碎，淋入橄榄油，烤箱 170℃ 提前预热，放入中层烤 15~20 分钟。
7. 取出烤好的茄子卷，淋入油醋汁，再撒上巴旦木仁即可。

很有料

* 茄子和年糕都是软糯的口感，搭配芦笋的脆香，每一个菜卷入口都是一份完美的体验。茄子要带皮吃，茄子皮中含有 B 族维生素、维生素 P 等多种营养素。

省点事儿

* 做茄子卷要选用长而直的茄子较好。
* 用干净的削皮刀刨出大片的茄子片非常方便。

烤菌菇麦片沙拉

分类 ★ 温沙拉

* 有腔调：花时间把自己的爱心加入自己和家人的食物中，一家人享用营养美味的饭菜，共度周末的休闲时光，想想还有什么比这更让人愉悦的事呢！

爱健康

烹饪时间：20 分钟
总卡路里：495 千卡

三大营养素供能占比

| 碳水化合物 46% | 蛋白质 14% | 脂肪 40% |

Vegetarian

食材：
花菇 100g
白玉菇 120g
杏鲍菇 150g
芝麻菜 80g
玫瑰水果麦片 60g
橄榄油 1 勺（约 10g）
黑胡椒碎 适量

酱汁：
油醋汁 25g

做法：
1. 芝麻菜摘除掉比较老的根部，用清水洗净，沥干水分待用。
2. 花菇和白玉兰菇摘去根部，和杏鲍菇一起放入水中洗净沥干。
3. 花菇切块，杏鲍菇切片，白玉菇撕成小块后放入碗中。
4. 菌菇中加入橄榄油和黑胡椒碎搅拌均匀，放入烤盘中。
5. 烤箱 180℃提前预热，烤盘入中层，约烤 15 分钟。
6. 取出即食的玫瑰水果麦片。
7. 芝麻菜放入盘中，菌菇放在芝麻菜上面。
8. 撒上玫瑰水果麦片，淋入油醋汁即可。

很有料

* 菌菇有一种天然的鲜味，且热量低、蛋白质及维生素含量丰富。菌菇的种类很多，混合食用还可以达到营养互补的作用。

省点事儿

* 即食营养麦片口味很多，我很喜欢花朵或水果味道的，能为沙拉增色不少。

烤彩椒面包沙拉

分类
*
温沙拉

* 有腔调：家是展现爱与美好的地方，一份沙拉，一杯咖啡，厨房小火慢煨的靓汤，都是一幅幅美好的画面。

爱 健 康
烹饪时间：20 分钟
总卡路里：530 千卡
三大营养素供能占比
碳水化合物 38%　蛋白质 14%　脂肪 48%

食 材：

红黄彩椒 100g
全麦面包片 80g
奶油生菜 60g
菲达奶酪 50g
橄榄油 1 勺（约 10g）
生抽 适量

酱 汁：

青芥辣沙拉汁 30g

做 法：

1. 红黄彩椒用水洗净后切成条状。
2. 彩椒条放入烤盘中，加入适量生抽和橄榄油拌匀。
3. 烤箱 180℃ 提前预热，烤盘入中层烤 15~20 分钟。
4. 取出烤好的彩椒条淋入一半的青芥辣沙拉汁拌匀。
5. 奶油生菜用水洗净，沥干待用。
6. 全麦面包片用烤箱或微波炉加热一下。
7. 菲达奶酪切片放在全麦面包片上。
8. 烤好的彩椒放在奶酪上，剩下的彩椒和生菜摆在旁边，再淋入剩下的青芥辣沙拉汁即可。

很 有 料

* 全麦面包含有比普通面包更多的膳食纤维、蛋白质，并且升糖指数（GI值）较低，可以保持体内血糖水平稳定，有利于健康。

省 点 事 儿

* 菜椒在烤前淋些生抽可以让其更入味。

烤多春鱼沙拉

* 有腔调：舌头是最难掌控的器官，满足它，还要控制它。

爱 健 康

烹饪时间：30 分钟
总卡路里：400 千卡

三大营养素供能占比

碳水化合物 18%　蛋白质 46%　脂肪 36%

食 材：

多春鱼 240g
白萝卜 80g
水萝卜 30g
橄榄油 1 勺（约 10g）
葱姜 适量
料酒 适量
黑胡椒 适量
盐 适量

酱 汁：

日式和风汁 30g

做 法：

1. 多春鱼去除内脏洗净。
2. 多春鱼用葱姜、料酒、黑胡椒、盐腌制 10 分钟。
3. 烤箱 200℃ 提前预热，多春鱼放入中层烤 15~20 分钟。
4. 白萝卜去皮，用擦板制成白萝卜丝。
5. 水萝卜洗净沥干，切成圆薄片。
6. 蔬菜放碗中淋入日式和风汁。
7. 多春鱼烤好盛盘即可。

很 有 料

* 多春鱼子含有蛋白质、微量元素、矿物质，能养颜护肤，还有明目、健脑的作用。

省 点 事 儿

* 处理多春鱼时要保护好鱼子，在鳃下豁一道小口，就可以连鳃带内脏一起取出。

烤羽衣甘蓝沙拉

* 有腔调：我的理想是不必再为吃与不吃、吃多吃少而纠结烦恼。

 Vegetarian

分类
*
温沙拉

爱健康
烹饪时间：40 分钟
总卡路里：585 千卡

三大营养素供能占比

碳水化合物 33%　蛋白质 11%　脂肪 56%

食材：

紫薯 120g
红薯 120g
羽衣甘蓝 200g
樱桃番茄 100g
松子仁 20g
橄榄油 2 勺（约 20g）

酱汁：

油醋汁 30g

做法：

1. 紫薯、红薯洗净后削去外皮，用刀切成四方小块。
2. 薯块放入烤盘，淋些橄榄油。烤箱 200℃ 提前预热，放中层烤 10~15 分钟。
3. 羽衣甘蓝用水洗净，撕成小块，用厨房纸巾吸去表面水分后拌入一些橄榄油。
4. 樱桃番茄洗净后用刀一切两半。
5. 烤过的薯块和羽衣甘蓝、番茄混合，撒上松子仁，再放入烤箱继续烤 8 分钟。
6. 取出烤好的沙拉菜放入盘中，淋入油醋汁即可。

省点事儿

* 羽衣甘蓝要去掉硬梗食用，烘烤前一定要充分吸干叶子上的水分，这样烤出口感才酥脆。

很有料

* 羽衣甘蓝是西餐很推崇的健康食物，也被誉为超级食物，这代表着它营养均衡，营养价值比一般食物更突出。